Chiraz Hannachi
Béchir Hamrouni

Etude des équilibres d'échange d'ions et d'adsorption

Chiraz Hannachi
Béchir Hamrouni

Etude des équilibres d'échange d'ions et d'adsorption

sur les membranes et les résines échangeuses d'ions

Presses Académiques Francophones

Impressum / Mentions légales
Bibliografische Information der Deutschen Nationalbibliothek: Die Deutsche Nationalbibliothek verzeichnet diese Publikation in der Deutschen Nationalbibliografie; detaillierte bibliografische Daten sind im Internet über http://dnb.d-nb.de abrufbar.
Alle in diesem Buch genannten Marken und Produktnamen unterliegen warenzeichen-, marken- oder patentrechtlichem Schutz bzw. sind Warenzeichen oder eingetragene Warenzeichen der jeweiligen Inhaber. Die Wiedergabe von Marken, Produktnamen, Gebrauchsnamen, Handelsnamen, Warenbezeichnungen u.s.w. in diesem Werk berechtigt auch ohne besondere Kennzeichnung nicht zu der Annahme, dass solche Namen im Sinne der Warenzeichen- und Markenschutzgesetzgebung als frei zu betrachten wären und daher von jedermann benutzt werden dürften.

Information bibliographique publiée par la Deutsche Nationalbibliothek: La Deutsche Nationalbibliothek inscrit cette publication à la Deutsche Nationalbibliografie; des données bibliographiques détaillées sont disponibles sur internet à l'adresse http://dnb.d-nb.de.
Toutes marques et noms de produits mentionnés dans ce livre demeurent sous la protection des marques, des marques déposées et des brevets, et sont des marques ou des marques déposées de leurs détenteurs respectifs. L'utilisation des marques, noms de produits, noms communs, noms commerciaux, descriptions de produits, etc, même sans qu'ils soient mentionnés de façon particulière dans ce livre ne signifie en aucune façon que ces noms peuvent être utilisés sans restriction à l'égard de la législation pour la protection des marques et des marques déposées et pourraient donc être utilisés par quiconque.

Coverbild / Photo de couverture: www.ingimage.com

Verlag / Editeur:
Presses Académiques Francophones
ist ein Imprint der / est une marque déposée de
OmniScriptum GmbH & Co. KG
Heinrich-Böcking-Str. 6-8, 66121 Saarbrücken, Deutschland / Allemagne
Email: info@presses-academiques.com

Herstellung: siehe letzte Seite /
Impression: voir la dernière page
ISBN: 978-3-8381-4213-5

A l'âme de mon cher père Ibrahim

A ma chère mère Beya

A mes chers Dorsaf, Anis et Saif

A mon cher mari Mohamed

A tous les miens

REMERCIEMENTS

Le présent travail a été effectué au sein de l'Unité de Recherche Dessalement et Traitement des eaux sous la direction du Professeur **Béchir HAMROUNI**. Je tiens à lui exprimer ma profonde gratitude et toute ma reconnaissance pour son soutien, sa clairvoyance et sa disponibilité.

Mes remerciements vont conjointement à mademoiselle **Fatma Guesmi**, Maître Assistante à la Faculté des Sciences de Tunis, pour sa gentillesse et pour l'aide qu'elle m'a apportée au cours de ce travail.

Je ne saurais oublier également d'adresser un remerciement spécial à mademoiselle **Lilia BOULIFI**, pour le soutien moral et l'attention sans faille qu'elle m'a toujours manifesté.

J'adresse mes remerciements et ma reconnaissance à l'ensemble du personnel de l'Unité de Recherche Traitement et Dessalement des Eaux.

Sommaire

Chapitre II

Etude des équilibres d'échange d'ions entre la membrane échangeuse d'anions AMX et des solutions d'électrolytes

Chapitre III

Amélioration de la sélectivité de la résine échangeuse d'anions Dowex 1X8

Liste des figures

Introduction générale

$\mathcal{L}$'eau est un élément majeur du monde minéral et biologique et aussi le vecteur de la vie et de l'activité humaine. Ses sources sont diverses et de qualité variable. Il est important de l'avoir en quantité suffisante et en qualité garantissant une vie saine, durable et sans danger à long terme.

En effet, une mauvaise qualité des eaux consommées favorise l'apparition des maladies. Contrairement à ce que pensent les consommateurs, cette pollution n'est pas uniquement microbienne mais aussi physico-chimique. Cependant, la distribution d'eau saine ne se traduit pas toujours par une eau ayant une qualité suffisante pour être consommée. C'est pourquoi les recherches visant à mieux connaître la potabilité ou la qualité générale des eaux dont disposent les populations et à surveiller ou à améliorer l'état de ces ressources sont de plus en plus nombreuses et nécessaires. En effet, un grand nombre de techniques de traitement de ces eaux sont utilisées pour les débarrasser de ces contaminants. Elles sont différentes les unes par rapport aux autres et incluent à titre d'illustration la coagulation-floculation, la précipitation chimique, l'adsorption et l'échange d'ions. Ces deux derniers procédés feront l'objet de nos travaux de recherche

Nous avons organisé notre rapport de synthèse des travaux de recherche en trois principaux axes.

$\mathcal{L}$e premier chapitre s'intéresse à l'étude de l'élimination des ions fluorure, nitrate et sulfate par adsorption sur les membranes anioniques AFN et AMX. La première partie est consacrée tout d'abord à la caractérisation des membranes anioniques AFN et AMX et ceci en déterminant leurs taux de gonflement et leurs capacités d'échange. La deuxième partie traite l'adsorption des ions cités précédemment dans un domaine de température variant de 283 K à 313 K, selon les modèles de Freundlich, Langmuir, Dubinin–Radushkevich et Temkin. Les études cinétiques sont effectuées, à la même température, afin de déterminer l'ordre de la réaction d'adsorption des ions fluorure sur la membrane échangeuse d'anions AFN. Quelques aspects thermodynamiques de l'adsorption sont ainsi étudiés.

Le deuxième chapitre concerne l'étude des équilibres d'échange d'ions entre une membrane échangeuse d'anions AMX et des solutions d'électrolytes contenant les anions les plus rencontrés dans les eaux naturelles. Dans la première partie, on s'est intéressé à l'étude des équilibres d'échange d'ions entre une membrane anionique AMX et les principaux anions présents dans les eaux naturelles. Les isothermes d'échange d'ions pour les systèmes binaires binaires Cl^-/NO_3^-, Cl^-/SO_4^{2-} et NO_3^-/SO_4^{2-} sont établies à 25°C pour des concentrations totales de 0,05 et 0,1mol. L^{-1}. L'ordre d'affinité de la membrane vis-à-vis des ions étudiés ainsi que les coefficients de sélectivité sont déterminés. Le diagramme du système ternaire $Cl^-/NO_3^-/SO_4^{2-}$ est tracé expérimentalement. Les résultats de la prédiction de ce diagramme à partir des isothermes d'échange d'ions des systèmes binaires correspondants, sont comparés à ceux de l'expérience.

Le troisième chapitre est une contribution à l'étude des équilibres d'échange d'ions binaires entre une résine échangeuse d'anions de type Dowex 1X8 et des solutions d'électrolytes, contenant les anions les plus rencontrés dans les eaux naturelles $\left(Cl^-, NO_3^- \text{ et } SO_4^{2-}\right)$ à une force ionique I constante égale à 0,3 mol. L^{-1} et à la température ambiante. Certaines caractéristiques de cette résine, tels que la capacité d'échange et le taux de gonflement, sont déterminés. L'ordre d'affinité de la résine Dowex 1X8 pour ces trois anions est déterminé.

Les applications actuelles des procédés à résines échangeuses d'ions concernent principalement la séparation des ions de même signe mais de valences différentes. Cependant, cette séparation reste inefficace en utilisant des résines ioniques classiques. Par conséquent, il apparaît important d'améliorer la sélectivité de ces résines échangeuses d'ions vis-à-vis des ions monovalents par rapport aux ions multivalents. D'où l'idée de la modification de la résine échangeuse d'anions Dowex 1X8 par adsorption du polyéthylèneimine. L'optimisation des différents paramètres affectant la modification est réalisée en utilisant la méthodologie des plans d'expériences moyennant les plans factoriels complets. La caractérisation de la résine Dowex 1X8 modifiée ainsi que l'étude de l'effet de la modification de cette résine sur les équilibres d'échange d'ions binaires pour les systèmes $\left(Cl^-/NO_3^- \right)$, $\left(Cl^-/SO_4^{2-} \right)$ et $\left(NO_3^-/SO_4^{2-} \right)$ font l'objet de la deuxième partie de ce chapitre.

Chapitre I

Etude de l'élimination des ions fluorure, nitrate et sulfate par adsorption sur les membranes anioniques AFN et AMX

Résumé

Tout au long de ce chapitre, quelques généralités sur l'adsorption et les membranes échangeuses d'ions sont données. La caractérisation des deux membranes anionique AFN et AMX est complétée par la détermination de leurs taux de gonflement et leurs capacité d'échange. L'étude du procédé d'adsorption sur les membranes AMX et AFN, ainsi que les isothermes d'adsorption des ions NO_3^-, SO_4^{2-} et F^- sur ces membranes sont établies à différentes températures en se basant sur les modèles de Freundlich, Langmuir, Dubinin–Radushkevich et Temkin. Les études cinétiques sont effectuées, à la même température selon les modèles de Lagergren de premier ordre, de second ordre et d'Elovich, L'ordre de la réaction d'adsorption des fluorures sur la membrane échangeuse d'anions AFN est déterminé.

I.1 Généralités sur l'adsorption

I.1.1 Définitions

L'adsorption est un phénomène de surface, au cours duquel des molécules d'un fluide (gaz ou liquide), appelé adsorbat, viennent se fixer sur la surface d'un solide, appelé un adsorbant. La désorption est le phénomène inverse de l'adsorption et représente la libération dans la phase fluide des molécules préalablement adsorbées [1, 2].

La figure I.1 est une représentation schématique des deux phénomènes.

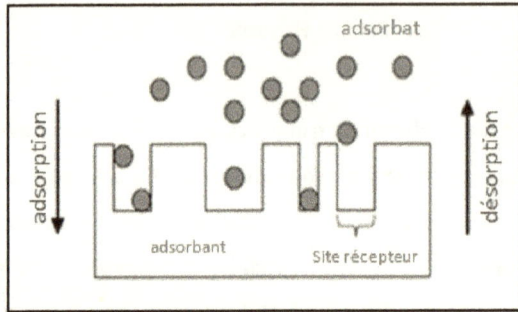

Figure I.1 : Représentation shématique de l'adsorption.

Les molécules adsorbées sur la surface de l'adsorbant se présentent généralement, soit sous la forme d'une couche en contact direct avec la surface, soit sous la forme de plusieurs couches de molécules adsorbées (figure I.2). Dans le premier cas les molécules peuvent être liées physiquement ou chimiquement à la surface de l'adsorbant. Dans le deuxième cas, l'adsorption dépend des interactions entre les couches successives de molécules adsorbées [3].

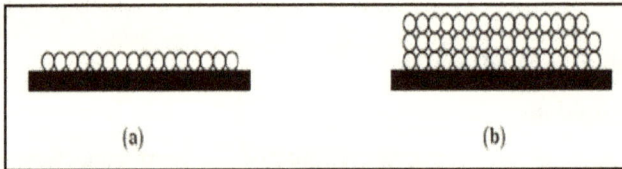

Figure I.2 : Arrangement des couches d'adsorbat : (a) en monocouche, (b) en multicouche.

I.1.2 Les différents types d'adsorption

La nature des liaisons formées ainsi que la quantité d'énergie dégagée lors de la rétention d'une molécule à la surface d'un solide permettent de distinguer deux types d'adsorption : adsorption physique et adsorption chimique [4-6].

I.1.2.1 Adsorption physique (physisorption)

Dans le cas de l'adsorption physique, les interactions entre les molécules du soluté (adsorbat) et la surface du solide (adsorbant) sont assurées par des forces électrostatiques de types dipôles-dipôles, liaison hydrogène ou de Van Der Waals [7-9]. Les molécules s'adsorbent sur une ou plusieurs couches (multicouches) avec des chaleurs d'adsorption souvent inférieures à 20 kcal.mol^{-1} [10-14]. La physisorption est rapide, réversible (équilibre dynamique d'adsorption et de désorption), favorisée par une basse température et n'entraîne pas de modification des molécules adsorbées.

I.1.2.2 Adsorption chimique (chimisorption)

L'adsorption chimique met en jeu une ou plusieurs liaisons chimiques covalentes ou ioniques entre l'adsorbat et l'adsorbant. Les molécules adsorbées à la surface de l'adsorbant ne peuvent pas être accumulées sur plus d'une monocouche. En effet, seules sont concernées par ce type d'adsorption, les molécules directement liées au solide [6], les autres couches dans le cas où elles existent, elles sont retenues par physisorption. La chaleur d'adsorption est relativement élevée et comprise entre 20 et 200 kcal.mol^{-1} [10-14]. La chimisorption est généralement irréversible, produisant une modification des molécules adsorbées et qui est en outre favorisée à température élevée.

I.1.3 Description du mécanisme d'adsorption

Pour mieux qualifier et quantifier la rétention, il convient de s'intéresser aux phénomènes se produisant à l'échelle moléculaire, c'est-à-dire aux mécanismes d'adsorption.

Les liaisons (adsorbât -adsorbant) sont de deux types:

- Liaisons de fortes énergies (>80 kJ. mol^{-1}) : liaisons ioniques et échanges de ligands.

- Liaisons de faibles énergies (<80 kJ. mol^{-1}) : interactions dipôle-dipôle, liaisons hydrogène, interactions hydrophobes.

Sur la base de ces liaisons, quatre mécanismes principaux peuvent être distingués [15]:

- Adsorption par liaison ionique ou échange d'ions,
- Adsorption par liaison hydrogène,
- Adsorption par les forces de Van der Waals,
- Rétention hydrophobe.

Le phénomène d'adsorption se produit principalement en quatre étapes [16] :

1 : Diffusion de l'adsorbât de la phase liquide externe vers celle située au voisinage de la surface de l'adsorbant.

2 : Diffusion extra granulaire de la matière (transfert du soluté à travers le film liquide vers la surface des grains).

3 : Transfert intra granulaire de la matière (transfert de la matière dans la structure poreuse de la surface extérieure des graines vers les sites actifs).

4 : Réaction d'adsorption au contact des sites actifs, une fois adsorbée, la molécule est considérée comme immobile.

La figure I.3 présente un matériau (adsorbant) avec les différents domaines dans lesquels peuvent se trouver les molécules organiques ou inorganiques qui sont susceptibles d'être en interaction avec le solide.

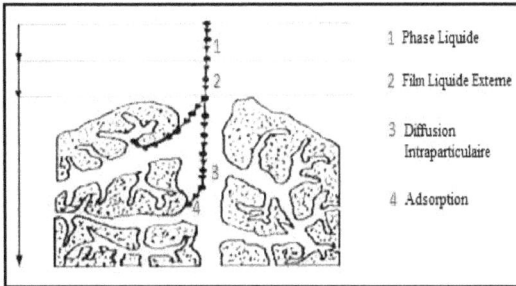

Figure I.3 : Domaines d'existence d'un soluté lors de son adsorption sur un matériau.

I.1.4 Isothermes d'adsorption

Une isotherme est une fonction qui décrit la quantité adsorbée (q) en fonction de la concentration, à température constante. L'allure des isothermes d'adsorption à une température donnée dépend des interactions adsorbant/adsorbât et en particulier des propriétés physico-chimiques de l'espèce adsorbée et de la nature de l'adsorbant.

Elles permettent essentiellement de [17] :

- Déterminer le taux de recouvrement de la surface d'un support par un substrat,
- Identifier le type d'adsorption pouvant se produire (physisorption ou chimisorption),
- Choisir l'adsorbant qui conviendrait le mieux à la rétention de l'adsorbat.

Cependant, les isothermes d'adsorption n'expliquent pas les mécanismes d'adsorption. Ils conduisent seulement à une comparaison des différents systèmes entre eux [17].

I.1.4.1 Isothermes d'adsorption d'un liquide

Pour un système liquide, au cours de l'adsorption il y a toujours une compétition entre le soluté et le solvant [18]. Néanmoins, l'étude des isothermes d'adsorption se fait en exploitant la variation de la quantité adsorbée en fonction de la concentration de l'adsorbat à l'équilibre en considérant que l'activité du solvant est constante, c'est à dire la présence du solvant est ignorée [19]. L'adsorption en phase liquide inclut une variété d'adsorbats tels que les composés organiques, les composés inorganiques, les protéines et les polymères [19].

I.1.4.2 Capacité d'adsorption

La capacité d'adsorption notée q_e est définie comme étant la quantité maximale du soluté adsorbée par unité de masse d'adsorbant exprimée en mg.g^{-1}. La capacité d'adsorption des solides dépend notamment de [20] :

✓ La surface développée ou surface spécifique du matériau,
✓ La nature de la liaison adsorbat- adsorbant entre les sites d'adsorption et la partie de la molécule en contact avec la surface,
✓ Le temps de contact entre le solide et les solutés.

La capacité d'adsorption est exprimée par la relation suivante [21] :

$$q_e = \frac{(C_0 - C_e).V}{m} \qquad \text{(I-1)}$$

Avec :

- V : Volume de la solution (L),
- m : Masse de l'adsorbant (g),
- C_0 : Concentration initiale de l'adsorbat (mg.L^{-1}),
- C_e : Concentration à l'équilibre de l'adsorbat (mg.L^{-1}).

I.1.4.3 Classification des isothermes d'adsorption

Selon Giles et Smith [22] et Giles et al. [23], les isothermes d'adsorption en phase liquide sont classées en quatre catégories (figure I.4) : S (Sigmoïdal-

Shaped), L (Langmuir), H (High a¢ Nity) et C (Constant- Partition). Ces quatre types particuliers sont maintenant considérés comme les quatre formes principales d'isothermes généralement observées [24].

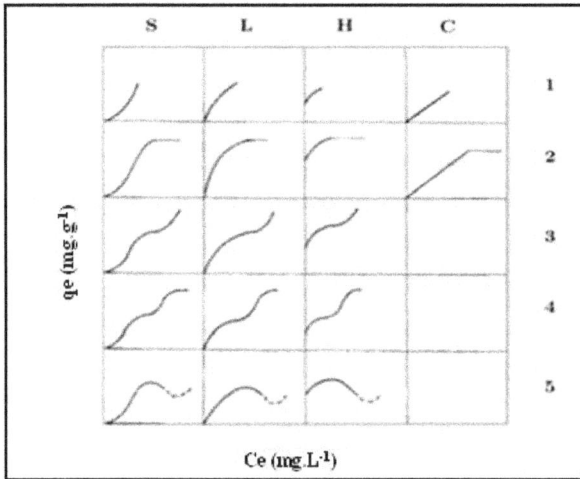

Figure I.4 : Les différents types isothermes d'adsorption d'un liquide.

Les isothermes de type S : Elles sont généralement obtenues lorsque le solvant est fortement adsorbé, et lorsqu'il y a une forte interaction à l'intérieur de la couche adsorbante. On considère par ailleurs que le type S traduit une forte compétition entre les molécules du solvant et la molécule étudiée pour les sites d'adsorption [19]. L'adsorption devient plus aisée au fur et à mesure que la concentration en solution augmente et la saturation est atteinte lorsque tous les sites récepteurs de l'adsorbant sont occupés formant une seule couche d'adsorbat. On peut noter que des travaux récents [25] montrent que ce type d'isotherme possédant une concavité positive indique que l'adsorption se fait avec un nombre de molécules par site supérieur à 1.

Les isothermes de type L : Elles sont appelées aussi "type Langmuir", sont observées pour de nombreuses molécules. Ce type d'isothermes correspond à une diminution de la disponibilité des sites d'adsorption lorsque la concentration en solution augmente. La forme de type L indique une plus grande affinité pour les surfaces adsorbantes de la molécule que pour les molécules du solvant. Le nombre des molécules adsorbées est fini et on aura une saturation lorsque tous les sites sont occupés, l'adsorption est alors monocouche [26-29].

Les isothermes de type H : Elles sont un cas particulier des isothermes de type L. Ce type d'isotherme ne commence pas à zéro mais à une valeur positive. Elles sont observées quand la surface adsorbante possède une grande affinité pour la molécule adsorbée et quand une saturation des sites d'adsorption est observée pour les faibles concentrations en solution [26, 27].

Les isothermes de type C : Elles sont rencontrées dans le cas des solide microporeux. Ce type d'isothermes présente un profil linéaire à faibles concentrations indiquant une proportionnalité de répartition de la molécule entre les phases solide et liquide. Les isothermes de type C concernent des molécules flexibles pouvant pénétrer loin dans les pores et elles sont généralement observées dans le cas de l'adsorption des composés organiques hydrophobes sur des matières organiques [26, 28].

Selon la figure I.4 la classification des isothermes d'adsorption en phase liquide est classée en cinq sous-groupes :

Le sous-groupe 1 : Il inclut les isothermes pour lesquelles la saturation ne peut pas être atteinte pour des raisons expérimentales [26, 29, 30].

Le sous-groupe 2 : Il regroupe les isothermes présentant un palier de saturation. Ce palier est assimilable à une adsorption monocouche complète du soluté.

Les sous-groupes 3 et 4 : Ils rassemblent les isothermes o on peut observer la formation de plus d'une monocouche.

Le sous-groupe 5 : il a été rencontré pour des solutions de détergent ou de colorant. Il apparaît une concentration pour laquelle l'interaction soluté-solide diminue, le soluté est ainsi désorbé. On peut expliquer ceci par la formation de micelles dans la phase liquide à partir d'une concentration au-delà de laquelle le soluté commence à se désorber [26].

I.1.4.4 Les modèles des isothermes d'adsorption

Afin de décrire les caractéristiques d'un système adsorbant/adsorbat, plusieurs modèles théoriques et empiriques ont été développés, nous décrivons par la suite les isothermes utilisées dans notre étude.

I.1.4.4.1 Isotherme de Langmuir

Langmuir [31] fut le premier à proposer une relation entre la quantité d'un gaz adsorbé et sa pression d'équilibre. La théorie de Langmuir repose sur les hypothèses suivantes [31,32] :

❖ L'adsorption se fait en couche monomoléculaire d'adsorbat (figure I.5),

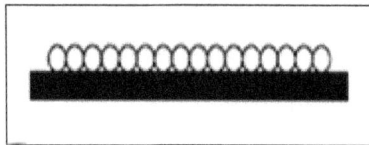

Figure I.5 : Modèle d'adsorption en monocouche.

❖ Il n'y a pas d'interaction latérale entre les molécules adsorbées à la surface,

❖ Tous les sites sont équivalents et la surface est uniforme,

❖ La réaction est réversible (c'est-à-dire qu'il y a équilibre entre l'adsorption et la désorption) : le nombre de molécules qui arrivent à la surface est égal au nombre de molécules qui quittent la surface.

L'isotherme de Langmuir est définie à l'équilibre par l'équation suivante [33] :

$$q_e = \frac{K_L \cdot q_m \cdot C_e}{1 + K_L} \qquad (I\text{-}2)$$

Avec :

- K_L : Constante d'équilibre liée à la force d'interaction entre la molécule adsorbée et la surface du solide, exprimée en L.mg^{-1},

- q_e : La quantité adsorbée à l'équilibre (mg.g^{-1}),

- q_m : Capacité d'adsorption, exprime la quantité maximale de soluté fixée par gramme de solide dont la surface est considérée comme totalement recouverte par une couche monomoléculaire, exprimée en (mg.g^{-1}).

La linéarisation de l'équation (I-2) conduit à la relation suivante :

$$\frac{C_e}{q_e} = \frac{1}{K_L \cdot q_m} + \frac{C_e}{q_m} \qquad (I\text{-}3)$$

La représentation de C_e/q_e en fonction de C_e donne une droite de pente $1/q_m$ et d'ordonnée à l'origine $1/(K_L \cdot q_m)$.

Les caractéristiques essentielles de l'isotherme de Langmuir peuvent être exprimées par une constante adimensionnelle appelée facteur de séparation ou paramètre d'équilibre, R_L, défini par Weber et al. [34] et repris par Ozcan et al. [35].

$$R_L = \frac{1}{(1 + K_L \cdot C_0)} \qquad (I\text{-}4)$$

Le paramètre R_L permet une prédiction de l'allure de l'isotherme et la nature du procédé d'adsorption. Une valeur de R_L inférieure à l'unité représente une adsorption favorable et une valeur supérieure à l'unité représente une adsorption défavorable. Si la valeur de R_L atteint l'unité, l'isotherme a une allure linéaire. Le procédé est dit irréversible si le paramètre R_L s'annule [36].

L'énergie d'adsorption d'un soluté sur un adsorbant est déterminée à partir de l'isotherme de Langmuir qui correspond à la variation de l'énergie libre de Gibbs ΔG^0 (kJ.mol $^{-1}$), déduite à partir de K_L comme suit [37-39].

$$\Delta G^0 = -RT \, Ln K_L \qquad (I\text{-}5)$$

I.1.4.4.2 Isotherme d'adsorption de Freundlich

L'isotherme de Freundlich a été présentée en 1926 [40]. On considère qu'il s'applique à de nombreux cas, notamment dans le cas de l'adsorption multicouche avec possibilité d'interactions entre les molécules adsorbées. Elle repose sur les hypothèses suivantes [40]:

 ❖ Les sites actifs ont des niveaux d'énergie différents,
 ❖ Chaque site actif peut fixer plusieurs molécules,
 ❖ Le nombre de sites actifs n'est pas déterminé.

La relation empirique de l'isotherme de Freundlich est de la forme [41] :

$$q_e = K_F \cdot C_e^{1/n} \qquad (I\text{-}6)$$

La linéarisation de l'équation précédente conduit à la relation suivante :

$$Ln \, q_e = Ln \, K_F + \frac{1}{n} \, Ln \, C_e \qquad (I\text{-}7)$$

Avec :

- q_e :   Capacité d'adsorption à l'équilibre par unité de masse d'un adsorbant $(mg.g^{-1})$,

- C_e :   Concentration à l'équilibre du soluté en phase liquide $(mg.L^{-1})$,

- K_F et n :   Constantes caractéristiques de l'efficacité d'un adsorbant donné pour un soluté donné.

La constante de Freundlich (K_F) traduit le pouvoir adsorbant d'une matrice vis-à vis de l'adsorbat considéré. Plus la valeur de K_F est élevée, plus l'adsorption est importante.

La constante n (adimensionnelle) donne une indication sur l'intensité de l'adsorption. Dans la plupart des cas, les valeurs de n comprises entre 1 et 10 indiquent une adsorption favorable [42]. Il est généralement admis que des faibles valeurs de n ($0,1 < n < 0,5$) sont caractéristiques d'une bonne adsorption, alors que des valeurs plus élevées révèlent une adsorption modérée ($0,5 < n < 1$) ou faible ($n > 1$) [43].

La représentation de Ln q_e en fonction de ln C_e donne une droite dont les constantes K_F et 1/n sont déduites respectivement de l'ordonnée à l'origine et de la pente de la droite.

I.1.4.4.3 L'isotherme d'adsorption de Dubinin–Radushkevich (D–R)

L'isotherme Dubinin–Radushkevich (D–R) est appliquée afin de déterminer la nature du mécanisme de l'adsorption basé sur la théorie du potentiel en supposant que la surface de l'adsorbant est hétérogène. L'équation de Dubinin–Radushkevich (D-R) est exprimée comme suit [44] :

$$q_e = q_0.exp\left(-\beta.\varepsilon^{\,2}\right) \qquad (I\text{-}8)$$

Avec :

- ε : Le potentiel de Polanyi, $\varepsilon = RT\,Ln\,(1 + 1/C_e)$,
- q_e : La quantité d'ions adsorbés à l'équilibre par poids spécifique $(mg.g^{-1})$,
- q_0 : La capacité d'adsorption $(mg.g^{-1})$,
- C_e : La concentration en équilibre des ions en solution $(mg.L^{-1})$,
- β : Une constante liée à l'énergie d'adsorption $(mol^2.kJ^{-2})$,
- R : La constante universelle de gaz $(kJ.K^{-1}.mol^{-1})$,
- T : Température (K).

L'isotherme d'adsorption de D–R peut être exprimée par sa forme linéaire comme suit :

$$Ln\,q_e = Ln\,q_0 - \beta.\varepsilon^2 \qquad (I-9)$$

β est calculée à partir de la pente du tracé de ln q_e en fonction de ε^2.

L'énergie moyenne d'adsorption E $(kJ.mol^{-1})$ peut être obtenue à partir des valeurs de β en employant l'équation suivante [45,46]:

$$E = \frac{1}{\sqrt{2\beta}} \qquad (I-10)$$

Les constantes d'isotherme de Langmuir n'expliquent pas les propriétés du processus d'adsorption physique ou chimique. Cependant, l'énergie moyenne d'adsorption (E) calculée à partir de l'isotherme de D–R fournit des informations importantes au sujet de ces propriétés [47]. Si E est comprise entre 8 et 16 kJ.mol^{-1}, le processus suit une adsorption par échange d'ions, tandis que pour les valeurs de $E < 8$ kJ.mol^{-1}, le processus d'adsorption est de nature physique et si $E > 16$ kJ.mol^{-1} le processus est dominé par la diffusion intraparticule [44,48].

I.1.4.4.4 Isotherme de Temkin

L'isotherme de Temkin tient compte du fait que la chaleur d'adsorption de l'ensemble des molécules de la couche de recouvrement diminue linéairement avec le recouvrement en raison de la diminution des interactions adsorbant-adsorbat. L'adsorption est caractérisée par une distribution uniforme des énergies de liaison en surface.

L'isotherme de Temkin est exprimée sous la forme suivante [49] :

$$q_e = \frac{RT}{b} \, Ln(K_T . C_e)$$ (I-11)

La forme linéaire de l'isotherme de Temkin est donnée par la relation suivante :

$$q_e = B_1 Ln \, K_T + B_1 Ln \, C_e$$ (I-12)

Avec :

- B_1 : La constante de Temkin relative à la chaleur de sorption (J.mol^{-1}),
  $B_1 = RT/b$,
- q_e : Quantité d'ions adsorbés à l'équilibre par poids spécifique (mg.g^{-1}),
- C_e : Concentration du soluté à l'équilibre (mg.L^{-1}),
- R : Constante universelle des gaz parfaits (J.mol^{-1}.K^{-1}),
- T : La température (K),
- b : Variation de l'énergie d'adsorption (kJ.mol^{-1}),
- K_T : La constante d'équilibre d'adsorption correspondant à l'énergie de liaison maximale (L.mg^{-1}).

La courbe de q_e en fonction de $Ln\ C_e$ permet la détermination de B_1 et de K_T à partir de la pente et de l'ordonnée à l'origine de la droite, respectivement.

I.1.5 Cinétique d'adsorption

L'étude cinétique du processus d'adsorption donne des informations sur le mécanisme d'adsorption et sur le mode de transfert des solutés de la phase liquide à la phase solide. La littérature rapporte plusieurs modèles cinétiques [50-53], nous présentons ci-dessous les modèles utilisés dans notre étude.

I.1.5.1 Modèle de Lagergren de premier ordre

Il a été supposé dans ce modèle que la vitesse de sorption à l'instant t est proportionnelle à la différence entre la quantité d'ions adsorbée à l'équilibre par poids spécifique q_e (mg.g^{-1}) et la quantité d'ions adsorbée au temps t par poids spécifique q_t (mg.g^{-1}) [50]. La loi de vitesse s'écrit [54,55] :

$$\frac{dq_t}{dt} = K_1(q_e - q_t) \qquad \text{(I-13)}$$

où K_1 la constante de vitesse d'adsorption du modèle pseudo-premier ordre exprimée en min^{-1}.

La forme linéarisée de cette équation est obtenue par intégration entre l'instant initial et l'instant t :

$$Ln(q_e - q_t) = Ln\ q_e - \frac{K_1.t}{2,303} \qquad \text{(I-14)}$$

La constante de vitesse K_1 et la quantité adsorbée à l'équilibre, q_e, peuvent être obtenues, respectivement, à partir de la pente et de l'interception entre ln $(q_e\text{-}q_t)$ en fonction du temps.

I.1.5.2 Modèle Lagergren de second ordre

Le modèle du pseudo second ordre suggère l'existence d'une chimisorption, un échange d'électrons par exemple entre la molécule d'adsorbat et l'adsorbant solide. L'équation différentielle qui régit la cinétique d'adsorption du second ordre est de la forme suivante [56] :

$$\frac{dq_t}{dt} = K_2 . (q_e - q_t)^2$$ (I-15)

Avec

- K_2 : La constante de vitesse du second ordre ($\text{g.mg}^{-1}.\text{min}^{-1}$),
- q_t : La capacité d'adsorption à l'instant t (mg.g^{-1}),
- q_e : La quantité adsorbée à l'équilibre (mg.g^{-1}).

$$\frac{t}{q_t} = \frac{1}{K_2 . q_e^2} + \frac{t}{q_e}$$ (I-16)

La quantité adsorbée à l'équilibre (q_e) et la constante du pseudo-second ordre K_2 peuvent être déterminées expérimentalement à partir de la pente et de l'ordonnée à l'origine de t/q_t en fonction de t. Le produit ($K_2 . q_e^2$) présente la vitesse initiale d'adsorption à différentes températures [57].

I.1.5.3 Modèle cinétique d'Elovich

Le modèle d'Elovich est l'un des modèles les plus utilisés pour vérifier puis décrire la chimisorption lors d'une adsorption.

Ce modèle s'exprime selon l'équation suivante dite équation d'Elovich [58], qui est donnée par :

$$\frac{dq_t}{dt} = \alpha . \exp(\beta . q_1)$$ (I-17)

Avec α (mg.g^{-1}.min^{-1}) est le taux initial d'adsorption et β (g.mg^{-1}) est la constante de désorption liée à l'étendue de la couverture de surface et de l'énergie d'activation pour la chimisorption.

Afin de simplifier l'équation d'Elovich (I-17), Chien et Clayton [58] ont appliqué les conditions aux limites (q_t= 0 à t = 0) et (q_t = q_t à t = t), ce qui a donné l'équation suivante :

$$q_t = \frac{1}{\beta} \, Ln(\alpha\beta) + \frac{1}{\beta} \, Ln(t) \qquad\qquad (I\text{-}18)$$

La représentation de q_t en fonction du Lnt donne une droite dont les constantes α et β sont déduites respectivement de l'ordonnée à l'origine et de la pente de la droite.

I.1.6 Les facteurs influençant l'adsorption

Un grand nombre de paramètres et de propriétés, du support et du l'adsorbat, peuvent influencer le processus d'adsorption et notamment la capacité et la cinétique de rétention d'une substance sur un support. Ces principaux paramètres sont :

I.1.6.1 La température

L'adsorption est un phénomène endothermique ou exothermique suivant le matériau adsorbant et la nature des molécules adsorbées. L'adsorption physique s'effectue à des basses températures (phénomène exothermique), alors que l'adsorption chimique demande des températures plus élevées (phénomène endothermique).

Les données de Zaki et al. [59] ont montré que l'adsorption des ions Cs^+ et Eu^{3+} sur une membrane d'acétate de cellulose et sur une membrane d'acétate de cellulose modifiée augmente avec l'augmentation de la température indiquant un caractère endothermique du processus de sorption alors que

Demirbas et al. [60] ont montré que l'adsorption des ions métallique Cu(II), Zn(II), Ni(II), Pb(II), and Cd(II) sur une résine cationique de type Amberlite IR-120 diminue avec l'augmentation de la température indiquant un caractère exothermique du processus de sorption.

I.1.6.2 Présence d'espèces compétitives

En général, la coprésence d'ions dans la solution influe négativement, et à des degrés différents, sur l'adsorption de chacun d'eux sur l'adsorbant et ce, par une action compétitive entre eux. Ceci a été démontré par Ningmei and Zhengkui [61] lors de l'étude de l'adsorption compétitive des ions métalliques $Pb^{2+}, Cd^{2+}, Ni^{2+} et Cu^{2+}$ sur le copolymère hydrogel lorsqu'ils ont trouvés que les capacités d'adsorption de ces ions ont diminués par rapport aux résultats obtenus dans les conditions non compétitive.

I.1.6.3 La surface spécifique et diamètre des pores de l'adsorbant

En général, la capacité d'adsorption d'un adsorbant est proportionnelle à sa surface spécifique, plus la surface est importante, plus la quantité de molécules adsorbées sera grande.

Il faut que la taille de la molécule soit inférieure au diamètre du pore d'adsorbant pour que celle-ci puisse diffuser rapidement dans le volume poreux et atteindre le site d'adsorption.

I.1.6.4 Nature des groupements fonctionnels

Bien que les propriétés précédemment citées jouent un rôle primordial dans la capacité d'adsorption, ce sont les groupements fonctionnels présents à la surface de l'adsorbant qui influent principalement sur celle-ci. Ceci a été montré avec Julien Dron and Dodi [62] lorsqu'ils ont trouvés que les énergies d'adsorption sont particulièrement élevées pour les systèmes OH^-/Cl^-,

OH^-/NO_3^- et OH^-/SO_4^{2-}, alors que les systèmes HCO_3^-/Cl^- et $Cl^-/$ NO_3^- présentent des énergies d'adsorption plus faibles.

I.1.6.5 Effet de la concentration

L'adsorption de telles substances ou ions s'accroit avec l'augmentation de leur concentration dans la solution. Ceci a été montré avec Sachin Milmile et al. [63] lors de l'adsorption des ions nitrate sur la résine échangeuse d'anions Indion NSSR.

I.1.7 Les adsorbants

Le choix d'un adsorbant dépend de beaucoup de critères à commencer par sa capacité d'adsorption et la cinétique d'adsorption. La capacité d'adsorption est elle-même fonction de la concentration de l'adsorbat et des conditions opératoires lors de l'adsorption (température, pression...). Un critère également très déterminant est le degré de sélectivité souhaité. Les propriétés mécaniques et thermiques de l'adsorbant doivent aussi être prises en compte : résistance mécanique, chaleur d'adsorption, résistance thermique, conductivité thermique,... Enfin, le prix de l'adsorbant constitue aussi l'un des principaux critères de choix d'un adsorbant [64].

I.1.7.1 Caractérisation des adsorbants

La principale caractéristique d'un adsorbant est sa porosité. Cette caractéristique est souvent plus importante que les propriétés chimiques de l'adsorbant. Elle comprend le volume des pores, leur distribution de taille ainsi que la surface spécifique.

I.1.7.1.1 Porosité

Il existe des adsorbants présentant des cavités vides à l'intérieur de leurs volumes appelés des substrats poreux. Les cavités nommées aussi pores peuvent être fermées ou ouvertes et plus profondes que larges. Ainsi la porosité interne d'un grain est définie comme étant la proportion occupée par le vide sur le volume total occupé par le grain. L'adsorption devient importante lorsque le nombre de pores existants à la surface du substrat augmente.

La figure I.6 illustre les différents types de pores hypothétiques [18].

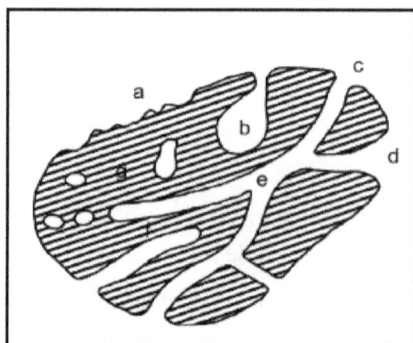

Figure I.6 : Schématisation des différentes formes de pores : (a) rugosité, (b) pores bouteilles, (c) pores cylindriques, (d) pores en entonnoir, (e) pores interconnectés, (f) pores en doigts de gant, (g) pores fermés.

Selon la largeur du pore, trois types de porosité sont distingués [24]:

❖ Les pores de largeur excédant 50 nm appelés macropores,

❖ Les pores de largeur comprise entre 2 et 50 nm appelés mésopores,

❖ Les pores de largeur inférieure à 2 nm appelés micropores (ou nanopores).

I.1.7.1.2 Surface spécifique

Par définition, la surface spécifique d'un adsorbant est une surface par unité de masse. Elle est généralement exprimée en $m^2.g^{-1}$ [65]. Son estimation est conventionnellement fondée sur des mesures de la capacité d'adsorption de l'adsorbant en question, correspondant à un adsorbat donné, la molécule adsorbée doit avoir une surface connue et acceptable. Il suffit à cet effet, de déterminer la valeur de la capacité de la monocouche à partir de l'isotherme d'adsorption [65].

Tableau I.1 : Répartition des pores d'un adsorbant.

Désignation	Rayon moyen des pores (nm)	Volume poreux $(cm^3.g^{-1})$	Surface spécifique $(m^2.g^{-1})$
Micropores	< 2	0,2-0,6	400-900
Mésopores	2-50	0,02-0,1	20-70
Macropores	> 50	0,2-0,8	0,5-2

Le tableau I.4 donne la surface spécifique des différents adsorbants et ceci selon la classification de L. M. Sun et F. Meunier [66].

Tableau I.2 : Surface spécifique des différents adsorbants.

Surface spécifique $(m^2.g^{-1})$	Adsorbant
400 à 2000	Charbons actifs
500 à 800	Zéolithes
600 à 800	Gels de silice
200 à 400	Alumines activées
100 à 700	Adsorbants à base de polymère

I.1.7.2 Les différents types d'adsorbants

Il existe de très nombreux types d'adsorbants car les procédés d'adsorption sont utilisés pour bien d'autres applications que le traitement des eaux, que ce soit en phase gazeuse ou en phase liquide: séparation de l'oxygène et de l'azote de l'air, purification d'hydrogène, désulfuration du gaz naturel, décoloration des jus sucrés, purification d'effluents, séparation de molécules pour la pharmacie, traitement d'eaux [67]. Il en existe trois types principaux :

❖ Les charbons actifs,

❖ Les zéolithes,

❖ Les adsorbants à base polymère.

Cependant parmi ces adsorbants, un seul fera l'objet de notre étude c'est la membrane échangeuse d'ions.

I.2 Généralités sur les membranes échangeuse d'ions

I.2.1 Définition d'un échangeur d'ions

Les échangeurs d'ions sont des matériaux insolubles possédant des groupements fonctionnels ionisés, porteurs de charges positives ou négatives et des ions mobiles de signe contraire échangeables avec d'autres provenant d'une solution à son contact. L'échange d'ions est réalisé sans détérioration ou solubilisation et sans modification du nombre total d'ions.

Dans un échangeur d'ions, les ions de charge identiques à celle des sites fixes sont appelés co-ions et ceux de charges contraires sont appelés contre-ions (un exemple d'un échangeur de cations est illustré par la figure I.7) [68].

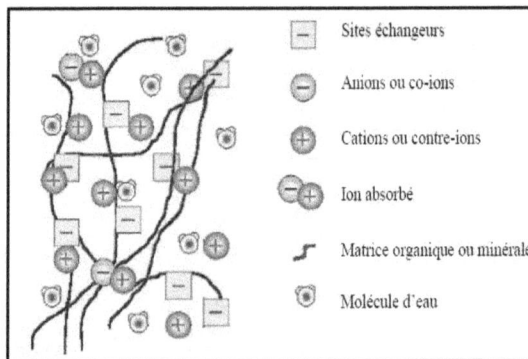

Figure I.7 : Représentation schématique d'un échangeur de cations.

Les réactions d'échange d'ions sont réversibles et sélectives : on note R la matrice de l'échangeur d'ions.

$$R - A^+ + B^+ \quad \rightleftharpoons \quad R - B^+ + A^+ \qquad \text{(I-19)}$$

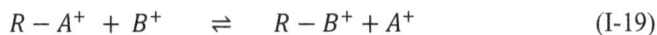

Les réactions d'échange d'ions sont régies par la loi des équilibres chimiques c'est-à-dire qu'elles se déroulent jusqu'à ce que les concentrations des divers ions atteignent certaines proportions précises.

Il existe différentes formes d'échangeurs d'ions, les plus importants sont les échangeurs minéraux, les échangeurs synthétiques inorganiques et organiques. Nous décrirons les plus couramment utilisés : les échangeurs de nature organique qui sont sous la forme de grains ou de membrane.

I.2.2 Les résines échangeuses d'ions

Ce sont de petites billes hydrophiles, d'un diamètre d'environ 0,6 mm. Ce sont des échangeurs d'ions qui ne peuvent échanger qu'une quantité définie d'ions. Si la capacité d'échange est épuisée, les échangeurs d'ions doivent être régénérés. On exploite le fait que l'échange d'ions dépend non seulement de la valence des ions concernés, mais aussi de leur concentration. Lors de la régénération, on fournit à l'échangeur d'ions saturé une forte concentration de ses contre-ions d'origine [68].

I.2.3 Les membranes échangeuses d'ions

Une membrane échangeuse d'ions (MEI) est un échangeur d'ions façonné sous la forme d'une feuille dont l'épaisseur est faible devant ses autres dimensions. Il existe deux types de membranes échangeuses d'ions [68] :

❖ Les membranes échangeuses de cations (MEC) qui contiennent des groupes chargés négativement fixés à une matrice de polymère tels que $-SO_3^-, -COO^-$. Dans une MEC, les anions fixes sont en équilibre électrique avec des cations mobiles dans les "interstices" du polymère qui représente schématiquement la matrice d'une membrane échangeuse de cations.

❖ Les membranes échangeuses d'anions (MEA) contiennent des groupes chargés positivement tels que RNH_2^+, R_2NH^+ et surtout R_3N^+ fixés à une matrice de polymère. Elles excluent les cations et sont perméables aux anions.

I.2.3.1 Différents types des membranes échangeuses d'ions

I.2.3.1.1 Les membranes homopolaires

Elles comportent des groupes fonctionnels ionisés de signe identique. Dans cette catégorie, on distingue [68] :

❖ les membranes échangeuses d'anions (MEA) ;

❖ les membranes échangeuses de cations (MEC).

La figure I.8 présente le schéma d'une membrane échangeuse d'anions et une membrane échangeuse de cations.

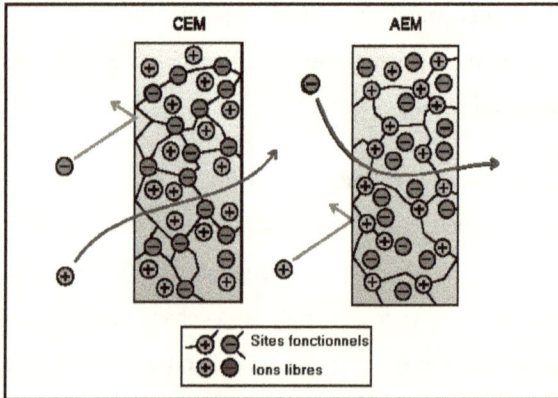

Figure I.8 : Schéma d'une membrane échangeuse d'anions et de cations.

I.2.3.1.2 Les membranes bipolaires (MB)

Elles sont composées d'une couche échangeuse de cations et d'une couche échangeuse d'anions séparées par une jonction hydrophile. Ces membranes possèdent la propriété de dissocier l'eau à la jonction sous l'effet d'un champ électrique [69]. Elles permettent de régénérer l'acide et la base à partir du sel et de les séparer simultanément [70]. La structure principale d'une membrane bipolaire dans sa configuration d'utilisation est illustrée par le schéma présenté dans la figure I.9.

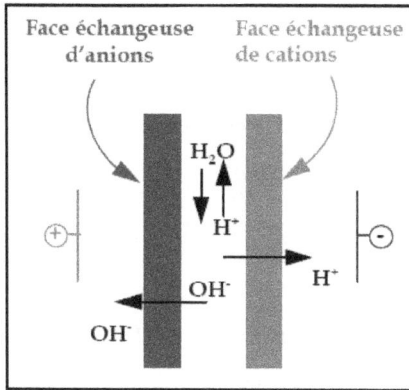

Figure I.9 : Membrane bipolaire.

I.2.3.2 Caractéristiques des membranes échangeuses d'ions (MEI)

I.2.3.2.1 Taux de gonflement

Un gonflement des membranes est du à la pénétration du réseau macromoléculaire qui forme la structure de la membrane par le solvant [71]. En particulier l'eau est retenue par les sites échangeurs à caractère hydrophile. Le gonflement est limité par la réticulation chimique entre les chaînes polymériques hydrophobes qui constituent la trame de la membrane. Le taux de gonflement (τ) est défini comme suit :

$$\tau = (m_h - m_s)/m_h \times 100 \qquad (I\text{-}20)$$

Avec m_h et m_s sont respectivement les masses de la membrane humide et sèche,

Le gonflement est favorisé par [72] :

- ❖ Un faible taux de pontage : la pénétration du solvant dans le matériau se fait d'autant plus facilement que les chaînes macromoléculaires sont moins serrées,
- ❖ Une forte capacité d'échange : le gonflement est proportionnel au nombre de sites fixes,
- ❖ Une forte solvatation des ions compensateurs,
- ❖ Une faible concentration du milieu extérieur.

I.2.3.2.2 Capacité d'échange

Un échangeur d'ions peut être vu comme un réservoir de contre-ions prêts à être échangés. La capacité de ce réservoir, c'est-à-dire le nombre total de contre-ions qui peuvent être échangés, est une donnée essentielle à connaître. La capacité d'échange d'une membrane échangeuse d'ions représente le nombre de sites ioniques fixés par unité de masse de la membrane sèche [73]. Elle s'exprime en milliéquivalent par gramme (meq.g^{-1}) [74]. La capacité d'échange (C_E) est donnée par la relation suivante :

$$C_E = n/m_s \qquad (I\text{-}21)$$

I.3 Caractérisation des membranes échangeuses d'anions AMX et AFN

Les différentes caractéristiques physico-chimiques des deux membranes AMX et AFN sont regroupées dans le tableau I.3 [72-74].

Tableau I.3 : Principales caractéristiques des membranes échangeuses d'anions
AMX et AFN.

	Membrane AFN	Membrane AMX
Type	Homogène	Homogène
Structure	Polystyrène/DVB	Polystyrène/DVB
Groupement fonctionnel	Ammonium quaternaire	Ammonium quaternaire
Epaisseur (mm)	0,15 - 0,2	0,16 - 0,18
Résistance (Ω)	0,4 - 1,5	2,5 - 3,5
Densité	1,09	1,1
Nombre de transport	0,92	> 0,98

Ces données sont complétées par la détermination expérimentale du temps
d'équilibre, du taux de gonflement (τ) et de la capacité d'échange (C_E).

I.3.1 Conditionnement des membranes

Le conditionnement des deux membranes anioniques AMX et AFN consiste
à leur faire subir un cycle acide. Les membranes sont immergées pendant 1
heure dans une solution d'acide nitrique 0,1 mol.L^{-1}. Pour enlever l'excès
d'électrolyte il faut rincer les échantillons de membrane pendant une dizaine de
secondes avec l'eau ultra-pure, puis les immergées dans une solution d'acide
chlorhydrique 0,1 mol.L^{-1} pendant 1 heure. Ce cycle est répété deux fois. Ces
différentes opérations se font sous agitation et dans des flacons fermés pour
éviter toute perte de fluide.

I.3.2 Taux de gonflement

Nous avons déterminés le taux de gonflement des deux membranes AMX et AFN sous trois formes ioniques $(Cl^-, NO_3^- \text{ et } SO_4^{2-})$. Cinq échantillons de chaque membrane (5×5 cm) ont été introduits dans des solutions de concentration 0,1 mol.L^{-1}, contenant les formes ioniques choisies, pendant 24 heures sous agitation et à une température $\theta = 25°C$. Afin d'éliminer l'excès de la solution, les échantillons de membrane sont ensuite rincés avec l'eau ultra-pure. Chaque membrane humide de masse m_h et sous une forme ionique donnée est séchée dans une étuve à 60°C jusqu'à l'obtention d'une masse constante m_s. Le taux de gonflement est calculé selon la relation (I-20).

Le tableau I.4 présente les taux de gonflement des différents échantillons des deux membranes AFN et AMX sous les trois formes ioniques Cl^-, NO_3^- et SO_4^{2-} :

Tableau I.4 : Taux de gonflement τ (%) des membranes AMX et AFN.

Forme ionique de la membrane	Valeur moyenne τ (%)	
	AFN	AMX
Cl^-	45,35	27,4
NO_3^-	43,12	24,8
SO_4^{2-}	41,18	22,8

Les résultats présentés dans le tableau montrent une certaine variation du taux de gonflement avec la nature du contre-ion. Ceci confirme que le taux de gonflement d'une membrane échangeuse d'ions est influencé par plusieurs facteurs tels que la charge et la taille du contre-ion. On remarque donc que les membranes gonflent plus pour les chlorures que les nitrates que les sulfates, ceci est attribué au fort caractère hydrophile du contre-ion. En effet l'ion chlorure possède le rayon ionique non hydraté le plus faible (tableau I.5), il sera donc le plus hydraté [75].

Tableau I.5 : Rayons ioniques non hydratés des différentes formes ioniques choisies.

Forme ionique	Rayon ionique non hydraté r_i (Å)
Cl^-	1,81
NO_3^-	1,89
SO_4^{2-}	2,40

I.3.3 Capacité d'échange

Cinq échantillons de chaque type de membrane (5×5 cm) sous forme ionique Cl^- et NO_3^- ont été immergés dans des solutions contenant un excès d'ions SO_4^{2-}, pendant 24 heures sous agitation à la température ambiante. La quantité d'ions Cl^- et NO_3^- libérée dans la solution permet de calculer la capacité d'échange de la membrane, selon la relation de l'équation (I-21).

La concentration des ions Cl^- et NO_3^- est déterminée par chromatographie ionique. Le tableau I.6 présente la capacité d'échange des deux membranes AMX et AFN sous forme Cl^- et NO_3^- :

Tableau I.6 : Capacité d'échange d'ions des membranes AMX et AFN.

Forme ionique de la membrane	Valeur moyenne (méq.g^{-1})	
	AFN	AMX
Cl^-	2,30	1,51
NO_3^-	2,32	1,50

D'après les valeurs calculées, on constate que la capacité d'échange est indépendante de la nature des contre-ions, puisqu'elle traduit le nombre de mole de groupements fonctionnels que renferme la membrane.

I.4 Etude des isothermes d'adsorption

Le but de cette étude est d'établir les isothermes d'adsorption des
ions NO_3^-, SO_4^{2-} et F^- sur les membranes AFN et AMX à températures
variantes de 283K à 313K, maintenues constantes fixées par un bain thermostaté
agitant avec des concentrations initiales différentes allant de 0,05 à 0,3 mol.L^{-1}.

A l'équilibre et pour les trois températures étudiées, la concentration des
ions NO_3^-, SO_4^{2-} et F^- restante dans la solution (C_e) a été déterminée par
chromatographie ionique, et la quantité adsorbée (q_e) sur les membranes AFN et
AMX est calculée par la relation (I-1).

I.4.1 Isothermes d'adsorption des ions NO_3^-, SO_4^{2-} et F^- sur les membranes AFN et AMX

Pour étudier les isothermes d'adsorption relatives aux ions fluorure, nitrate
et sulfate, nous disposons de 5 échantillons de chaque type de membrane AFN et
AMX initialement sous forme ionique Cl^- immergées dans des solutions
contenant, respectivement, les ions NO_3^-, SO_4^{2-} et F^- de concentrations
variantes entre 0,05 mol.L^{-1} et 0,3 mol.L^{-1}. Les résultats expérimentaux obtenus,
pour les trois températures étudiées ainsi que pour les deux membranes AFN et
AMX sont présentés, respectivement, par la figure I.10 et la figure I.11.

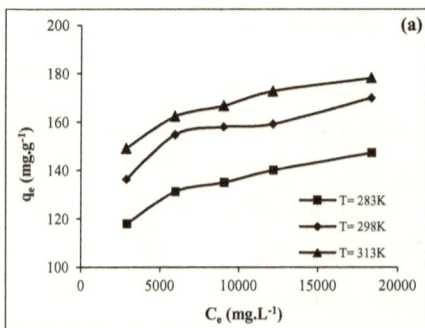

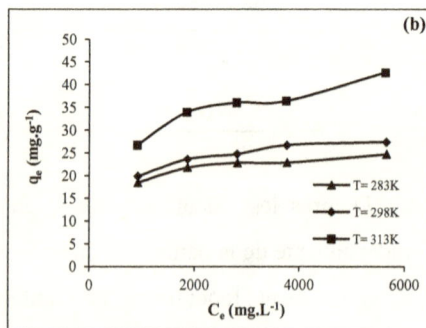

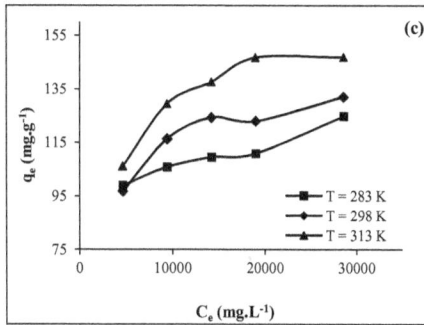

Figure I.10 : Isothermes d'adsorption des ions NO_3^- (a), F^- (b) et SO_4^{2-} (c) sur la membrane AFN.

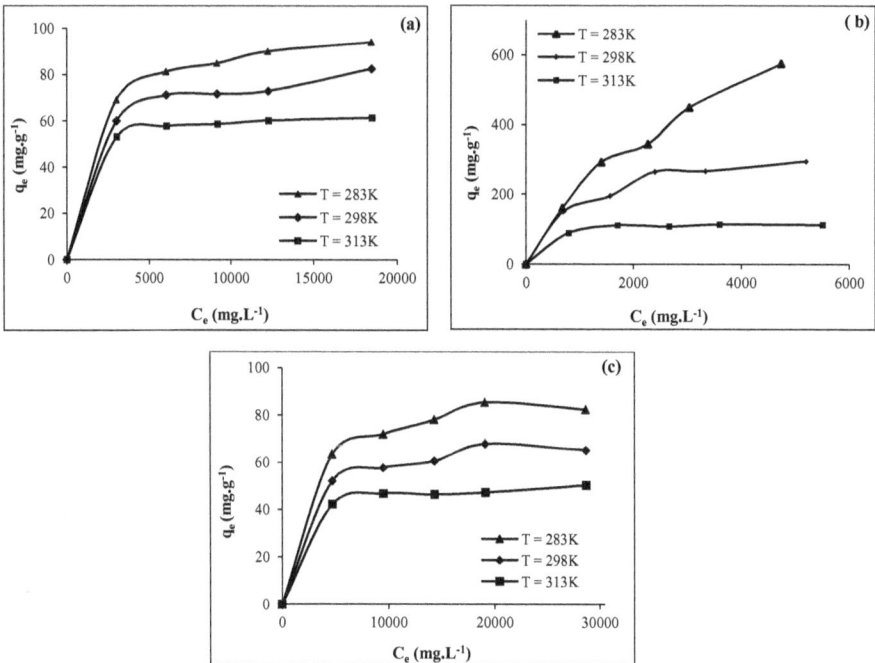

Figure I.11 : Isothermes d'adsorption des ions NO_3^- (a), F^- (b) et SO_4^{2-} (c) sur la membrane AMX.

La description des isothermes d'adsorption a été réalisée en appliquant les modèles de Langmuir, Freundlich, Dubinin–Radushkevich (D–R) et Temkin.

I.4.1.1 Isothermes d'adsorption de Freundlich et Langmuir

I.4.1.1.1 Isothermes de Freundlich

Les résultats expérimentaux obtenus, pour les trois températures étudiées fournissent les isothermes données dans les figures I.12 et I.13.

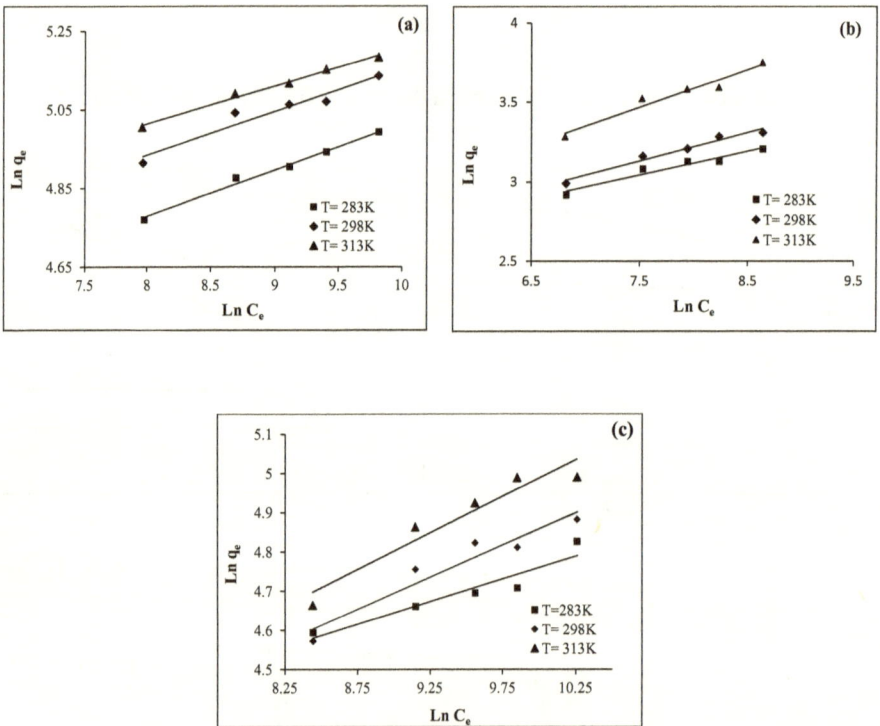

Figure I.12 : Isothermes d'adsorption des ions NO_3^- (a), F^- (b) et SO_4^{2-} (c) sur la membrane AFN selon le modèle de Freundlich.

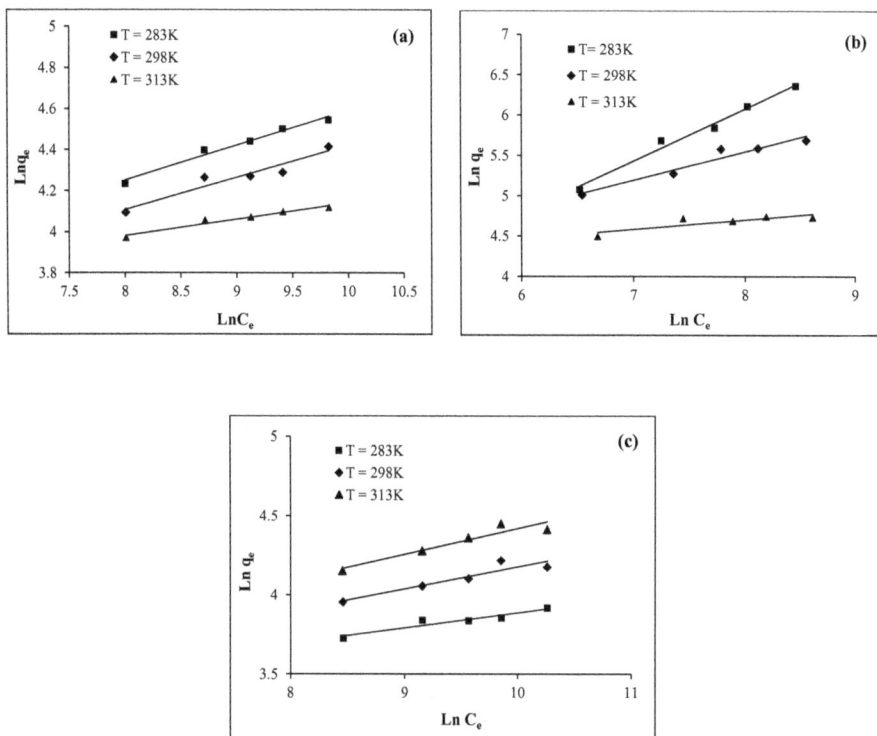

Figure I.13 : Isothermes d'adsorption des ions NO_3^- (a), F^- (b) et SO_4^{2-}(c) sur la membrane AMX selon le modèle de Freundlich.

I.4.1.1.2 Isothermes de Langmuir

En représentant les résultats expérimentaux, pour les trois températures étudiées, selon l'équation de Langmuir on obtient les isothermes d'adsorption dans les figures I.14 et I.15.

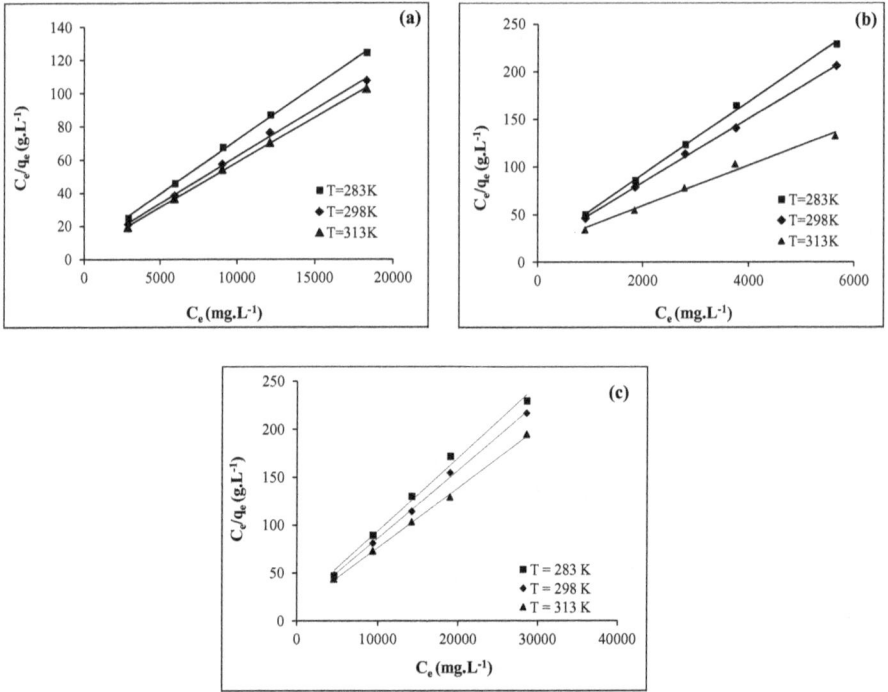

Figure I.14 : Isothermes d'adsorption des ions NO_3^- (a), F^- (b) et SO_4^{2-} (c) sur la membrane AFN selon le modèle de Langmuir.

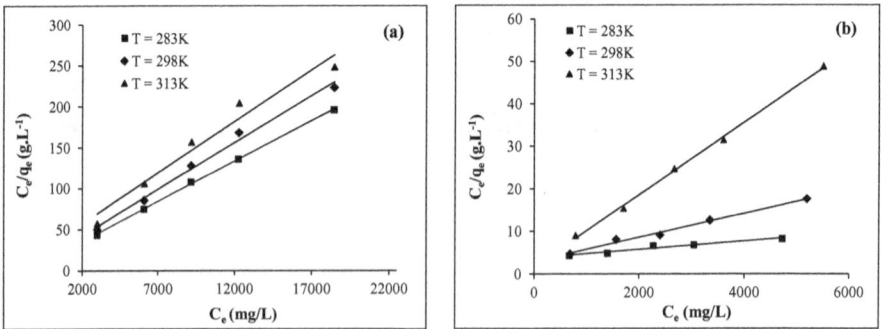

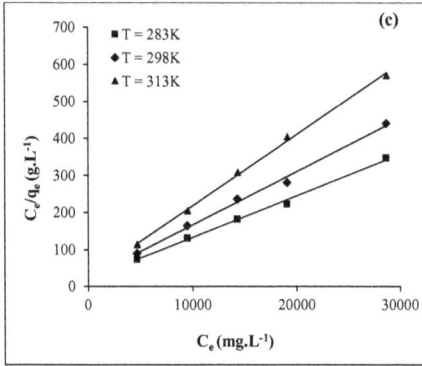

Figure I.15 : Isothermes d'adsorption des ions NO_3^- (a), F^- (b) et SO_4^{2-}(c) sur la membrane AMX selon le modèle de Langmuir.

I.4.1.1.3 Calcul des paramètres des isothermes d'adsorption

Les valeurs des paramètres du Freundlich et de Langmuir sont récapitulées dans le tableau I.7.

Tableau I.7 : Constantes des isothermes d'adsorption de Langmuir, Freundlich, pour les ions NO_3^- , F^- et SO_4^{2-}.

Système	T (K)	AFN								AMX			
		Langmuir		Freundlich		Langmuir		Freundlich					
		q_m (mmol.g^{-1})	K_L (L.mol^{-1})	1/n	K_F	q_m (mmol.g^{-1})	K_L (L.mol^{-1})	1/n	K_F				
	283	2,48	62,00	0,12	46,36	1,73	40,60	0,17	18,01				
Cl^-/NO_3^-	298	2,83	64,48	0,11	57,40	1,41	36,63	0,15	17,35				
	313	2,99	74,40	0,09	70,04	1,28	25,16	0,08	28,28				
	283	1,35	42,24	0,18	22,81	0,93	50,64	0,16	16,20				
Cl^-/SO_4^{2-}	298	1,47	45,12	0,16	25,07	0,73	56,34	0,14	16,10				
	313	1,65	43,20	0,11	36,85	0,54	68,65	0,09	18,80				
	283	1,37	45,60	0,15	6,75	52,63	5,12	0,66	2,40				
Cl^-/F^-	298	1,56	38,00	0,17	5,95	18,79	18,39	0,35	15,20				
	313	2,48	22,80	0,23	5,41	6,19	106,43	0,11	42,70				

I.4.1.1.4 Résultats et discussions

L'examen des différentes isothermes d'adsorption des ions NO_3^-, F^- et SO_4^{2-} établies précédemment pour les deux types de membrane étudiées montre que l'augmentation de la concentration initiale de l'ion traduit une augmentation de la quantité adsorbée. Selon la classification de Giles et al. [22, 23], ces isothermes d'adsorption peuvent être soit de type L (1/n<1), soit de type H (1/n<<1) et de sous classe 3.

D'après les valeurs de 1/n calculées dans le tableau I.7, on peut confirmer que les isothermes d'adsorption de ces trois ions sur les membranes AMX et AFN sont de type L. Nous remarquons aussi que les valeurs de n pour les trois ions sont comprises entre 1 et 10 ce qui indique une adsorption favorable.

Les résultats donnés dans le tableau I.7 montrent que la capacité d'adsorption maximale q_m augmente avec la température dans le cas de l'adsorption des ions étudiés sur la membrane AFN, alors que pour la membrane AMX on observe un comportement inverse.

Les constantes de Freundlich K_F ont été déterminées à partir des isothermes et leurs valeurs sont résumées dans le tableau I.7, pour les trois températures étudiées.

Afin de prévoir l'efficacité de procédé d'adsorption, on calcule le facteur de séparation R_L aux trois températures étudiées. Les résultats obtenus sont données dans le tableau I.8.

Tableau I.8 : Les facteurs de séparation R_L de l'adsorption des ions NO_3^-, F^- et SO_4^{2-} sur les membranes AFN et AMX.

Système	T (K)	Facteurs de séparation R_L	
		AFN	AMX
Cl^-/NO_3^-	283	0,243-0,051	0,07-0,33
	298	0,236-0,049	0,08-0,35
	313	0,211-0,042	0,11-0,44
Cl^-/SO_4^{2-}	283	0,321-0,073	0,06-0,28
	298	0,307-0,068	0,05-0,26
	313	0,316-0,071	0,05-0,22
Cl^-/F^-	283	0,304-0,068	0,39-0,79
	298	0,344-0,080	0,15-0,52
	313	0,467-0,127	0,03-0,16

Les valeurs estimées de R_L sont comprises entre 0 et 1, ce qui indique que le processus d'adsorption des ions nitrate, fluorure et sulfate sur les deux membranes anioniques AMX et AFN est favorable.

I.4.1.2 Isothermes de Dubinin–Redushkevich et de Temkin

I.4.1.2.1 Isothermes de Dubinin–Redushkevich

Les résultats expérimentaux obtenus, pour les trois températures étudiées fournissent les isothermes données dans les figures I.16 et I.17.

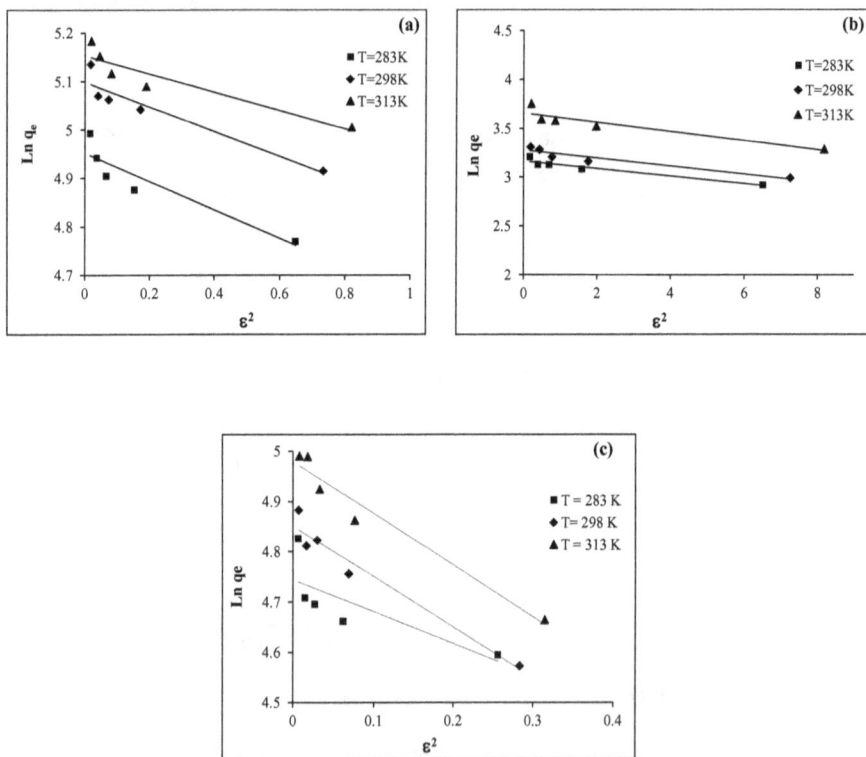

Figure I.16 : Isothermes d'adsorption des ions NO_3^- (a), F^- (b) et SO_4^{2-} (c) sur la membrane AFN selon le modèle de Dubinin–Redushkevich.

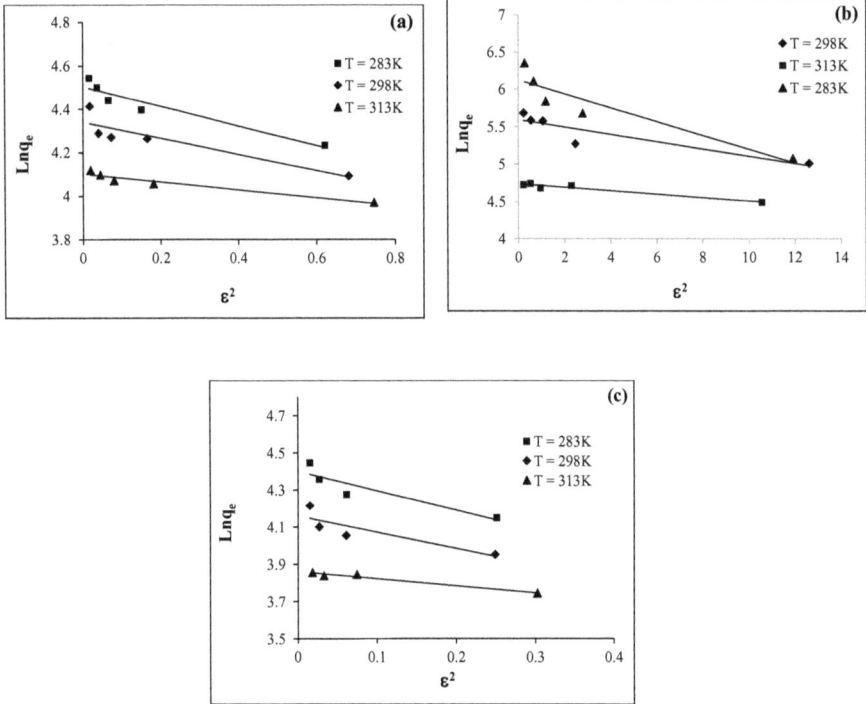

Figure I.17 : Isothermes d'adsorption des ions NO_3^- (a), F^- (b) et SO_4^{2-} (c) sur la membrane AMX selon le modèle de Dubinin–Redushkevich.

I.4.1.2.2 Isothermes de Temkin

Les résultats expérimentaux obtenus, pour les trois températures étudiées, fournissent les isothermes de Temkin données dans les figures I.18 et I.19.

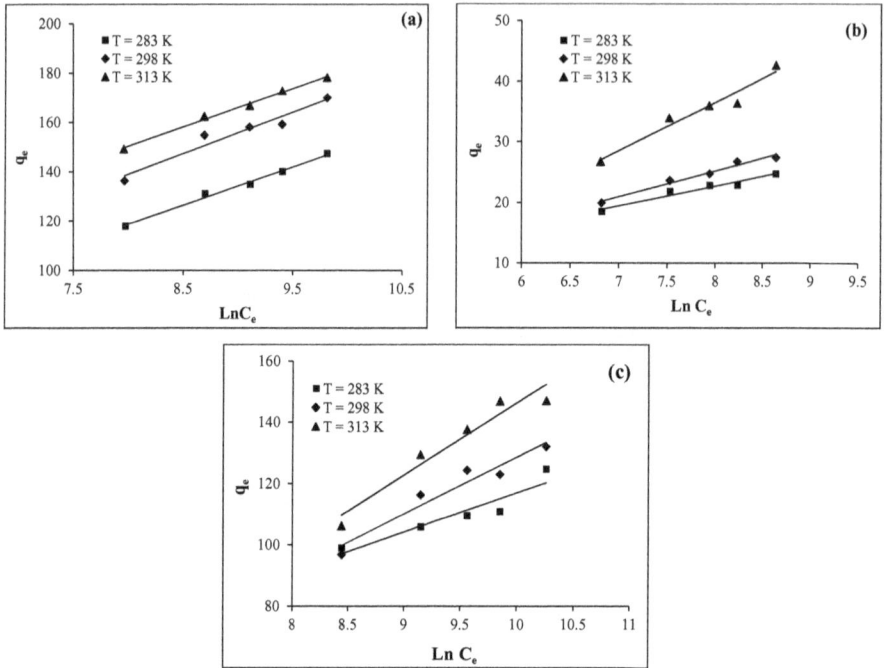

Figure I.18 : Isothermes d'adsorption des ions NO_3^- (a), F^- (b) et SO_4^{2-} (c) sur la membrane AFN selon le modèle de Temkin.

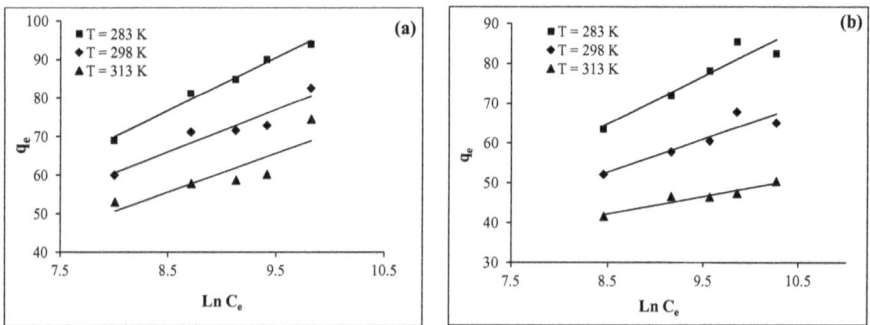

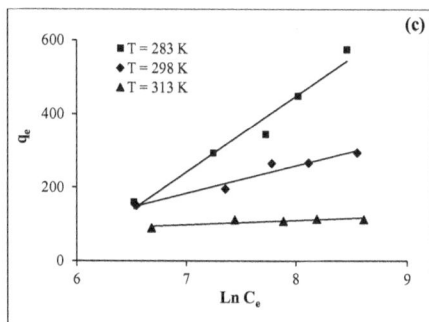

Figure I.19 : Isothermes d'adsorption des ions NO_3^- (a), F^- (b) et SO_4^{2-} (c) sur la membrane AMX selon le modèle de Temkin.

I.4.1.2.3 Calcul des paramètres des isothermes d'adsorption

Les valeurs des paramètres de Temkin et Dubinin–Redushkevich sont récapitulées dans le tableau I.9.

Tableau I.9 : Constantes des isothermes d'adsorption de Temkin et de Dubinin –Redushkevich (D-R) sur les membranes AMX et AFN.

Système	T (K)	Membrane AFN Temkin K_T (L.mg⁻¹)	b (J.mol⁻¹)	D-R q_0 (mg.g⁻¹)	β (mol².kJ⁻²)	Membrane AMX Temkin K_T (L.mg⁻¹)	b (J.mol⁻¹)	D-R q_0 (mg.g⁻¹)	β (mol².kJ⁻²)
Cl^-/NO_3^-	283	0,70	151,53	141,90	0,29	0,01	171,05	1,46	0,45
	298	1,30	147,40	163,84	0,25	0,08	225,25	1,24	0,37
	313	5,13	166,81	173,01	0,18	0,05	259,57	0,97	0,18
Cl^-/SO_4^{2-}	283	0,43	184,69	114,86	0,63	0,04	196,28	0,85	1,07
	298	0,04	133,66	127,86	1,00	0,11	299,29	0,67	0,90
	313	0,02	11,67	145,31	1,02	3,31	597,40	0,50	0,52
Cl^-/F^-	283	0,37	727,11	23,73	0,03	0,01	11,36	23,98	0,09
	298	0,12	586,26	26,50	0,04	0,01	32,84	14,12	0,04
	313	0,03	325,32	38,80	0,04	3,63	219,78	6,01	0,02

L'ampleur de E est utile pour estimer le type de processus d'adsorption. Les valeurs d'énergie d'adsorption E (du modèle D-R) pour les trois ions NO_3^-, F^- et SO_4^{2-} sur les deux membranes étudiées sont regroupées dans le tableau I.10.

Tableau I.10 : Les valeurs d'énergie d'adsorption E.

	Membranes	T (K)	Cl^-/NO_3^-	Cl^-/SO_4^{2-}	Cl^-/F^-
E(KJ.mol^{-1})	AMX	283	1,05	0,68	2,33
		298	0,86	0,74	3,19
		313	1,66	0,98	4,66
	AFN	283	1,31	0,89	3,58
		298	1,39	0,71	3,49
		313	1,62	0,69	3,26

Les valeurs trouvées pour les trois ions sont inferieure à 8 kJ.mol^{-1}. Ainsi, le type d'adsorption des ions F^-, NO_3^- et SO_4^{2-} sur les membranes AMX et AFN a été défini comme une adsorption physique (physisorption).

Les coefficients de corrélation pour l'adsorption des ions F^-, NO_3^- et SO_4^{2-}, sur les membranes AMX et AFN, relevés des isothermes établies précédemment sont récapitulés dans le tableau I.11.

Tableau I.11 : Les coefficients de corrélation pour l'adsorption des ions F^-, NO_3^- et SO_4^{2-}.

Systemes (A/B)	Cl^-/NO_3^-			Cl^-/SO_4^{2-}			Cl^-/F^-		
Coefficients de corrélation R^2									
T(K)	283	298	313	283	298	313	283	298	313
AFN Langmuir	0,998	0,998	0,999	0,991	0,998	0,998	0,998	0,999	0,988
Freundlich	0,988	0,937	0,990	0,923	0,920	0,897	0,943	0,966	0,952
D-R	0,863	0,904	0,869	0,609	0,951	0,956	0,927	0,912	0,865
Temkin	0,991	0,943	0,993	0,874	0,935	0,938	0,954	0,976	0,950
AMX Langmuir	0,999	0,991	0,964	0,996	0,995	0,998	0,947	0,990	0,998
Freundlich	0,977	0,914	0,958	0,902	0,876	0,909	0,985	0,943	0,719
D-R	0,910	0,813	0,935	0,856	0,787	0,860	0,857	0,831	0,945
Temkin	0,987	0,907	0.738	0.964	0,946	0,721	0,894	0,861	0,911

A la lumière de ces résultats, on constate que les meilleures régressions pour l'adsorption des ions étudiés sont obtenues avec la linéarisation de Langmuir. Nous avons donc probablement affaire à une adsorption de type monocouche.

I.4.2 Etude cinétique de l'adsorption des ions fluorure sur la membrane AFN

La cinétique d'adsorption des ions F^- sur la membrane AFN a été analysée selon les modèles de Lagergren de premier ordre, de second ordre et d'Elovich, afin de déterminer le modèle adéquat pour décrire la cinétique d'adsorption des ions F^- sur la membrane AFN. Ainsi elle nous a permis de déterminer le temps nécessaire pour atteindre l'équilibre d'adsorption et de déterminer les constantes d'équilibre d'adsorption des ions F^-.

Les études cinétiques d'adsorption ont été effectuées pour une solution d'ions fluorure de concentration initiale 0,05 mol.L^{-1}. Les expérimentations ont été réalisées dans un bain thérmostaté sous agitation et à température constante égale à 25°C.

Les prélèvements effectués au cours du temps permettent de suivre la concentration des ions F^- restante dans la solution en fonction du temps. Les résultats obtenus sont donnés dans le tableau I.12 et illustrés par la figure I.20.

Tableau I.12 : Variation de la quantité des ions F^- adsorbée en fonction du temps.

Temps (min)	q_t (mg.g^{-1})
0	0
5	9,49
60	18,70
120	19,49
180	17,10
240	17,52
300	17,27
360	18,58
420	18,38
480	17,86
1440	19,9

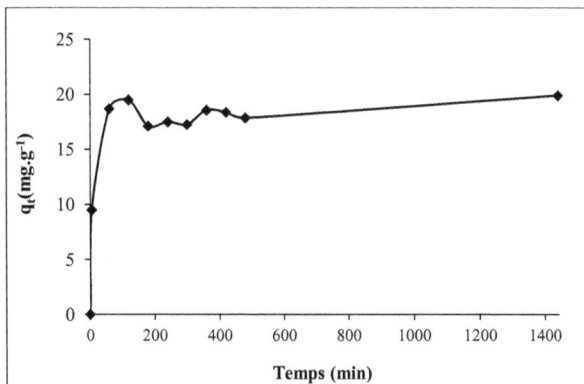

Figure I.20 : Variation de la quantité des ions F^- adsorbée en fonction du temps.

La variation de la quantité adsorbée des ions F^- en fonction du temps montre que l'équilibre d'adsorption sur la membrane AFN est atteint au bout de 6 heures.

Du point de vue cinétique, la courbe montre que l'adsorption se produit en deux étapes : réaction rapide et réaction lente. Pendant les premières 3h la quantité adsorbée augmente rapidement avec le temps et après les 3h, la vitesse d'adsorption devient plus lente pour s'annuler au temps d'équilibre. Cela peut être interprété par le fait qu'au début d'adsorption, le nombre des sites actifs disponibles à la surface du matériau adsorbant, est beaucoup plus important que celui des sites restant après un certain temps.

A partir des résultats collectés dans le tableau I.12, on peut tracer les courbes représentant Ln(q_e-q_t) en fonction du temps (figures I.21), t/q_t en fonction du temps (figure I.22) et q_t en fonction de Ln t (figure I.23).

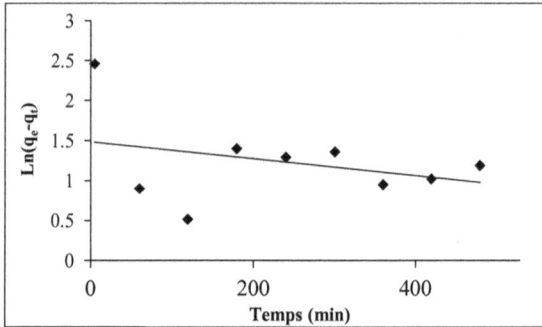

Figure I.21 : Courbe illustrant le modèle cinétique du premier ordre pour l'adsorption des ions F^- sur la membrane AFN à θ =25°C.

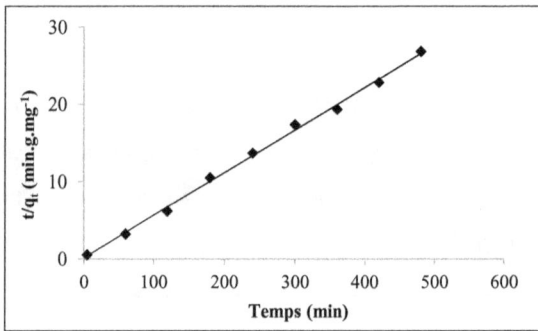

Figure I.22 : Courbe illustrant le modèle cinétique du second ordre pour l'adsorptiondes ions F^- sur la membrane AFN à θ =25°C.

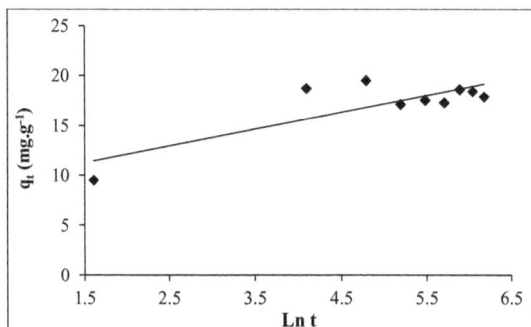

Figure I.23 : Courbe illustrant le modèle cinétique d'Elovich pour l'adsorption des ions F^- sur la membrane AFN à θ =25°C.

Le tableau I.13 regroupe les coefficients de corrélation et les constantes cinétiques d'adsorption des ions F^- sur la membrane AFN.

Tableau I.13 : Paramètres caractérisant la cinétique d'adsorption des ions F^- sur la membrane AFN.

Cinétique du 1er ordre	R^2	K_1 (min^{-1})	q_e (mg.g^{-1})
	0,103	0,002	4,41
Cinétique du 2ème ordre	R^2	K_2 (g.mg^{-1}.min^{-1})	q_e (mg.g^{-1})
	0,997	0,0045	18,18
Cinétique d'Elovich	R^2	α (mg.g^{-1}.min^{-1})	β (g.mg^{-1})
	0,662	287,33	0,59

La vitesse initiale d'adsorption des ions F^- sur la membrane AFN à θ=25°C, déterminée à partir du produit $K_2.q_e^2$ est de l'ordre de 1.487 mg.g^{-1}.min^{-1}.

Les modèles cinétiques de Lagergren de premier ordre, de second ordre et le modèle d'Elovich ont été appliqués aux données expérimentales d'adsorption des ions fluorure sur la membrane AFN. D'après les résultats obtenus indiqués dans le tableau I.13, nous remarquons que le modèle de pseudo-second ordre est le plus fiable pour déterminer l'ordre de cinétique d'adsorption des ions fluorure sur la membrane AFN, puisqu'il présente le coefficient de corrélation le plus élevé ($R^2 = 0,997$). De même, et d'après les valeurs de q_e, nous remarquons que cette valeur calculée par le modèle de pseudo second ordre ($q_e = 18,18$ mg.g^{-1}) est très proche de celle déterminée expérimentalement ($q_e = 19,90$ mg.g^{-1}).

I.4.3 Etude thermodynamique de l'adsorption

Le phénomène d'adsorption est toujours accompagné par un processus thermique, soit exothermique soit endothermique [60]. La mesure de la chaleur d'adsorption est le principal critère qui permet de différencier la chimisorption de la physisorption.

Les paramètres thermodynamiques tels que l'énergie libre standard de Gibbs ($\Delta G°$), l'enthalpie standard ($\Delta H°$) et l'entropie standard ($\Delta S°$) sont calculés en utilisant les équations suivantes [61,62]

$$\Delta G° = -RT \, Ln \, K_L \qquad\qquad (I\text{-}22)$$

$$Ln \, K_L = \frac{\Delta S°}{R} - \frac{\Delta H°}{RT} \qquad\qquad (I\text{-}23)$$

Avec :

- R : Constante de gaz parfait ($R = 8,314$ J.mol^{-1}.K^{-1}),
- T : Température absolue de solution (K),
- K_L : Constante de Langmuir.

La variation de l'enthalpie standard $\Delta H°$ et la variation de l'entropie standard $\Delta S°$ sont calculées, en portant sur un diagramme la courbe donnant la variation de Ln K$_L$ en fonction de 1/T présentés par la figure I.24:

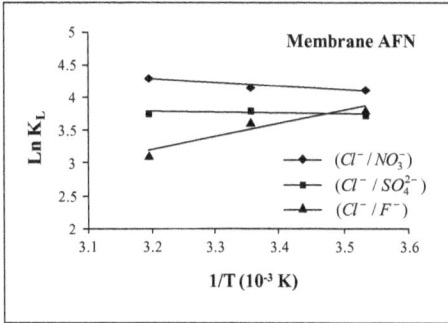

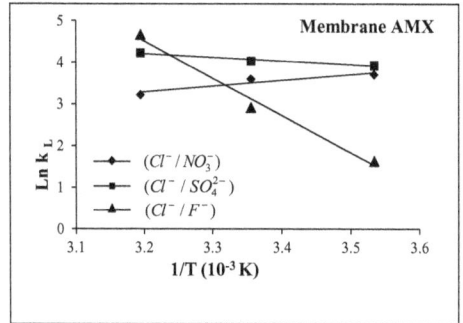

Figure I.24 : Représentation graphique de l'équation de Van't Hoff.

La pente de la droite Ln K_L= f (1/T) nous permet de déterminer la valeur de $\Delta H°$ et l'ordonnée à l'origine nous permet de déduire la valeur de $\Delta S°$. Les différents paramètres thermodynamiques déterminés pour les trois systèmes (Cl^-/NO_3^-), (Cl^-/SO_4^{2-}) et (Cl^-/F^-) sont donnés dans le tableau I.14 :

Tableau I.14 : Paramètres thermodynamiques.

Membranes	Systèmes A-B	T (K)	ΔH_T° (kJ.mol^{-1})	ΔG_T° (kJ.mol^{-1})	ΔS_T° (J.mol^{-1}.K^{-1})
AFN	Cl^-/NO_3^-	283		- 9,710	
		298	4,428	- 10,322	49,814
		313		- 11,214	
	Cl^-/F^-	283		- 8,987	
		298	-16,865	- 9,012	-27,360
		313		- 8,136	
	Cl^-/SO_4^{2-}	283		- 8,807	
		298	0,596	- 9,437	33,371
		313		- 9,799	
AMX	Cl^-/NO_3^-	283		-8,71	
		298	-11,63	-8,92	-9,93
		313		-8,39	
	Cl^-/F^-	283		-3,84	
		298	74,21	-7,21	274,9
		313		-12,15	
	Cl^-/SO_4^{2-}	283		-9,23	
		298	7,42	-9,98	58,73
		313		-11,01	

Pour la membrane AFN, l'analyse des données présentées dans le tableau I.14 montre que la valeur de $\Delta H°$ est positive pour les deux systèmes (Cl^-/NO_3^-) et (Cl^-/SO_4^{2-}) ceci implique que l'adsorption des ions NO_3^- et SO_4^{2-} sur la membrane AFN est un phénomène endothermique. Pour le système (Cl^-/F^-), la valeur de $\Delta H°$ est négative, d'où le processus d'adsorption des ions F^- sur la membrane AFN est un phénomène exothermique.

La valeur de $\Delta S°$ rend compte du désordre d'un système physico-chimique. En effet, les résultats présentés dans le tableau I.14 montrent que pour les deux systèmes (Cl^-/NO_3^-) et (Cl^-/SO_4^{2-}) la valeur de l'entropie standard $\Delta S°$ est positive. Nous pouvons donc conclure que l'évolution des deux systèmes étudiés s'accompagne d'une augmentation du désordre Pour le système (Cl^-/F^-), la valeur de l'entropie standard est négative d'où une diminution du désordre.

Les valeurs de $\Delta G°$ sont avérés négatives pour les trois systèmes étudiés. Ces valeurs de ΔG^0 nous permettent de donner l'ordre d'affinité de la membrane AFN vis à vis des ions étudiés à différentes températures. En effet l'ion qui possède le ΔG^0 le plus petit aura plus d'affinité pour la membrane AFN [63]. Donc, à 283K, l'ordre d'affinité est comme suit : $NO_3^- > F^- > SO_4^{2-}$. On observe une inversion d'affinité pour les ions F^- et SO_4^{2-} à 298K et 313K.

Pour la membrane AMX, les résultats obtenus dans le tableau I.14 montrent le procédé d'adsorption est exothermique ($\Delta H° < 0$) pour les nitrates et endothermique ($\Delta H° > 0$) pour l'adsorption des fluorures et des sulfates.

L'ordre d'affinité des ions étudiés vis-à-vis de la membrane AMX déduit à partir des valeurs de ΔG^0 est : $SO_4^{2-} > NO_3^- > F^-$ pour les deux températures 283 et 298 K. A 313K l'ordre est : $F^- > SO_4^{2-} > NO_3^-$.

Références bibliographiques

[1]   H. El Bakouri, Thèse de doctorat, Université Abdelmalek Essaadi faculté des sciences & techniques, Tanger, **2006**.

[2]   S. Knani, Thèse, Faculté des sciences de Monastir &université de Reims champagne Ardenne/ école doctorale sciences technologie santé, **2007**.

[3]   J. Fripiat, J. Chaussidon, A. Jelli, Masson and Cie, Paris, **1971**.

[4]   M. H. Rachidi, Thèse doctorat - Université Mentouri de Constantine, **1994**.

[5]   E. Mechrafi, Thèse doctorat, Université Mohammed V, Faculté des Sciences-Rabat.

[6]   Maroc, **2002**.

M. El Azzouzi, Persistance, Thèse d'état, **1999**.

[7]   S.U. Khan, Fundamental aspects of pollution control and environmental science 5, Elsevier, New York , **1980**.

[8]   R.Morel, I.N.R.A., 29-117, **1980**.

[9]   N. Senesi, Y. Chen. N., In: Z. Gerstl, Y. Chen, U. Mingelgrin and B. Yaron, Editors, Springer-Verlag, Berlin , 37–90, **1989**.

[10] Y.J.M. Montgomery, J. Wiley & Sons, New York. **1985**.

[11] W.J. Jr. Weber, P.M. Mc Ginley, L.E. Katz, Water Res.Ed 25 ,499-528,

[12] **1991**.

R. Calvet, M. Terce, J.C. Arvieu, Ann. Agron 31, 385-427,**1980**.

[13] M.A. Ferro-Garcia, J. Rivera-Utrilla, I. Bantista-Toledd, A.C. Moreno-Castilla, Langmuir 1880-1886,**1998**.

[14] R. Calvet, M. Terce, J.C. Arvieu, Ann. Agron. Ed 31, 33-62, **1980**.

[15]   H. Montacer, Thèse doctorat, Université Mohammed V, Faculté des Sciences-Rabat, **1999.**

[16]   W.J. Weber, B.M. Vanvliet, In: Activated carbon adsorption of organic from the aqueous phase, Ed. I.H. Suffet, M.J. Mc Guire1.

[17]   Karima Bellir, Thèse, Université mentouri Constantine, **2002.**

[18]   F. Rouquerol, J. Rouquerol and K. Sing, Academic Press, **1999.**

[19]   C. Thien, Series in Chemical Engineering, Butterworth.Heinemann, London **1994.**

[20]   Dégremont,"Mémento Technique de L'eau", Tome 2, 9éme Edition, p.221, **1989.**

[21]   I. M. Monarrez, Thèse doctorat, Institue National de la Recherche Agronomique. Paris – Grignon, **2004.**

[22]   C. H. Giles and D. Smith, Journal of Colloid and Interface Science 47 (3), 755-765 **1974.**

[23]   C. H. Giles, A.P. DíSilva and I. A. Easton, Journal of Colloid and Interface Science 47 (3), 766-778, **1974.**

[24]   M. Chenine, mémoire, Université Kasdi Merbah Ouargla, **2012.**

[25]   M. Khalfaoui, S. Knani, M.A. Hachicha, and A. Ben Lamine, Journal of Colloid and Interface Science 263, 350-356, **2003.**

[26]   Marie-Claude Dubois Clochard, Thèse Doctorat, Universitè de Paris VI, **1998.**

[27]   F. Edeline, Cebedoc editor, Lavoisier Tec & Doc. **1992.**

[28]   Igor Dubus, Centre ORSTOM de Nouméa, **1997.**

[29]   C. Hinz, Geoderma 99, 225-243, **2001.**

[30]   G. Limousin, J. P. Gaudet, L. Charlet, S. Szenknect, V. BarthËs, M.

Krimissa, Applied Geochemistry 22, 249-275, **2007**.

[31]   M. A. Slasli, thèse de Doctorat, Université de Neuchâtel, **2002**.

[32]   W. J. Weber, R. M. Mc Ginley and L. E. Katz, Journal of Water Research, 25, 499-528, **1991**.

[33]   I. Langmuir, Journal of the American Chemical Society, 40, 1361-1368, **1916**.

[34]   Jr. W.J. Weber, J. C. Morriss, J. Sanitary Eng. Div. Am. Soc. Civil Eng. 89, 31–60, **1963**.

[35]   A. Özcan, E. Mine Öncu, A. Safa Özcan, Eng. Aspects 277, 90–97, **2006**.

[36]   Wided Bouguerra, Thèse de Doctorat, Université de Tunis El Manar, **2009**.

[37]   G. McKay, H.S. Blair, J.R. Gardner, Adsorption of dyes on chitin. I. Equilibrium studies, J. Appl. Polym. Sci. 27, 3043–3057, **1982**.

[38]   I. Ghodbane, O. Hamdaoui, Removal of mercury (II) from aqueous media using eucalyptus bark: kinetic and equilibrium studies, J. Hazard. Mater. 160, 301–309, **2008**.

[39]   K.Y. Foo, B.H. Hameed, Insights into the modelling of adsorption isotherm systems,

       Chem. Eng. J. 156, 2–10, **2010**.

[40]   W.Stumm, J. J. Morgan, Wily interscience, Schnoorj. L, Zehnder A (ed), 519-526. **1996**.

[41]   H. Freundlich,Über die Adsorption in Lösungen. Z. Physik. Chem., 57, 385-470, **1907**.

[42]   R. Haghshenoa, A. Mohebbia, H.Hashemipoura, A.Sarrafia, Journal of Hazardous Materials 166, 961–966, **2009**.

[43] O. Hamdaoui, E. Naffrechoux. Part I, Hazardous Materials, 147, 381-394, **2007.**

[44] M. E. Argun, S. Dursun, C. Ozdemir, M. Karatas, Journal of Hazardous Materials, 141 77–85, **2007.**

[45] N. R. Axtell, S. P. K. Sternberg, K. Claussen, Bioresour. Technol.89, 41–48, **2003.**

[46] O. Hamdaoui, E. Naffrechoux. Part II, Hazardous Materials, **2007.**

[47] F. Maather Sawalha, Jose R. Peralta-Videa , Jaime Romero-Gonza´lez , M Duarte-Gardea, Jorge L. Gardea-Torresdey, J. Chem. Thermodynamic 488–492,

2007.

[48] A. Özcan, S. Özcan.A, Journal of Hazardous Materials B125, 252–259, **2005.**

[49] D. Kavitha, C. Namasivayam. Experimental and kinetic studies on methylene blue

adsorption by coir pith carbon, Bioresource Technology 98,14–21,**2010.**

[50] Y. S. Ho and G. McKay, Water Research, 34, 735-742, **2000.**

[51] E. Malloc, Journal of Hazardous Materials, 137, 899-908, **2006.**

[52] W. E.Oliveira, A. S. Franca, L. S. Oliveira and S. D. Rocha, Journal of Hazardous Materials, 152, 1073–1081, **2008.**

[53] M. V. Subbaiah, Y. Vijaya, N. S. Kumar, A. S. Reddy and A. Krishnaiah, Colloids and Surfaces B: Bio-interfaces, 74, 260–265, **2009.**

[54] T. Sarvinder Singh, K.K. Pan, Separation and PurificationTechnology, Vol. 36, N°2, 139-147, **2004.**

[55] S.Y. Quek, D.A.J. Wase, C.F. Forster, Water SA, Vol. 24, N° 3, 251-256, **1998.**

[56]   Y. S. HO, Journal of Hazardous Materials, B136 681-68, **2006.**

[57]   N. Yeddou mezenner, Z. Bensaadi, H. Lagha, A. Bensmaili, Larhyss
        Journal, ISSN 1112-3680, N°11, 7-16, 2012.

[58]   S. H. Chien, W. R. Clayton, Soil Science Society of America Journal ,
        44, 265–268, 1980.

[59]   A.A. Zaki, T. El-Zakla, M. Abed El Geleel, Journal of Membrane
        Science,1– 12, 401– 402, **2012**.

[60]   A. Demirbas, E. Pehlivan , F. Gode , T. Altun , G. Arslan , Chemical
        Engineering Journal, 215–216, 894–902, **2013.**

[61]   Wu. Ningmei , Li. Zhengkui , Chemical Engineering Journal, 215–216,
        894–902, **2013**.

[62]   J. Dron, A. Dodi , Journal of Hazardous Materials 190 , 300–307, **2011.**

[63]   N. Sachin Milmile,   V. Jayshri Pande,   Shilpi Karmakar, Amit
        Bansiwal, Tapan Chakrabarti, Rajesh B. Biniwale, Desalination,276,
        38–44, **2011.**

[64]   V. Ponec, Z. Knor,   S. Cerný, Adsorption on Solids, Butterworths
        Group, London, **1974.**

[65]   Nouara Yahiaoui, Mémoire de Magister, Université Mouloud Mammeri
        Tizi Ouzou, **2012.**

[66]   L. M. Sun et F. Meunier, Technique de l'ingénieur. J 2730 ; 1-16.

[67]   D. BAMBA, Université ABIDJAN, Thèse Doctorat, **2007.**

[68]   R. Ghalloussi, Thèse Doctorat, Université Paris – EST, **2012.**

[69]   J. Chen, M. Asano, T. Yamaki, M. Yoshida, Journal of Membrane
        Science, 38, 256, **2005.**

[70]   H. Boulehdid, Thèse, Université de Bruxelles, **2008.**

[71]   P. Aimar, Thèse de l'institut national Polytechnique de Toulouse, **1982.**

[72]   M.S. Kang, K. S. Yoo, S-J Oh, S-H Moon, Journal of Membrane Science, 188 , 61, **2001.**

[73]   P. Dlugolecki, K. Nymeijer, S. Metz,M. Wessling,   Journal of Membrane Science, 1, **2008.**

[74]   F. Helfferich, Ion Exchange; Mc Graw-Hill, New York, **1962.**

Chapitre II

Etude des équilibres d'échange d'ions entre la membrane échangeuse d'anions AMX et des solutions d'électrolytes

Résumé

L'étude des équilibres d'échange d'ions entre une membrane échangeuse d'anions AMX et des solutions d'électrolytes contenant les anions les plus rencontrés dans les eaux naturelles fait l'objet de ce chapitre. Les isothermes d'échange d'ions pour les systèmes binaires Cl^-/NO_3^-, Cl^-/SO_4^{2-} et NO_3^-/SO_4^{2-} sont établies à 25°C pour des concentrations de l'ordre de 0,05 mol. L^{-1} et 0,1 mol. L^{-1}. L'ordre d'affinité des ions étudiés vis-à-vis de la membrane ainsi que les coefficients de sélectivité sont déterminés. Le diagramme du système ternaire $Cl^-/NO_3^-/SO_4^{2-}$ est tracé expérimentalement. Les résultats de la prédiction de ce diagramme à partir des isothermes d'échange d'ions des systèmes binaires correspondants, sont comparés à ceux de l'expérience.

II.1 Etablissement des isothermes d'échange d'ions binaires

Les isothermes d'échange d'ions ont été établis pour les trois systèmes binaires Cl^- / NO_3^-, Cl^- / SO_4^{2-} et NO_3^- / SO_4^{2-}.

II.1.1 Isotherme d'échange d'ions pour le système Cl^-/NO_3^-

On dispose de cinq échantillons de membranes (5x5 cm) sous forme ionique Cl^-. Chaque échantillon est immergé dans différents mélanges des ions Cl^- et NO_3^- de compositions variables, à une température maintenue constante égale à 25 °C. L'étude des équilibres d'échanges d'ions membrane/solution a été effectuée pour deux concentrations totales, C_0, des ions Cl^- et NO_3^- fixés à 0,05 mol.L^{-1} et à 0,1 mol.L^{-1}.

Quand l'équilibre est atteint, les espèces ioniques sont dosées par chromatographie ionique, les concentrations des différents contre- ions à l'équilibre peuvent être déterminées à partir des bilans de matière et de charge dans la solution et dans la membrane.

$$C_0 = [i] + [j] \qquad (\text{II-1})$$

$$C_E = [\bar{i}] + [\bar{j}] \qquad (\text{II-2})$$

$$V.C_0 = V.[j] + m_s.[\bar{j}] \qquad (\text{II-3})$$

$$m_s.C_E + V.[i]_0 = m_s.[\bar{i}] + V.[i] \qquad (\text{II-4})$$

Avec :

- m_s : Masse de la membrane sèche,
- C_E : Capacité d'échange de la membrane (méq. g^{-1}),
- $[\bar{i}]$: Concentration de i dans la membrane (méq. g^{-1}),
- $[i]$: Concentration dans la solution de l'espèce i (mmol. L^{-1}),
- $[i]_0$: Concentration de i initiale (mmol. L^{-1}),
- V : Volume de la solution (L).

$X(i)$ et $\bar{X}(i)$ sont les fractions molaires équivalentes de l'ion i, respectivement, dans la solution et dans la membrane.

Les tableaux II.1 et II.2 fournissent la composition à l'équilibre des différentes espèces ioniques présentes dans la solution et dans la membrane AMX pour les deux concentrations C_0.

Tableau II.1 : Composition à l'équilibre d'échange d'ions : membrane
AMX, Système Cl^- / NO_3^-, $C_0 = 0,1$ mol.L^{-1}, $\theta = 25$ °C.

	Echantillons				
	1	2	3	4	5
m_s (g)	0,31	0,32	0,31	0,31	0,31
C_E (méq.g^{-1})	1,53	1,51	1,58	1,45	1,54
$[Cl^-]_0$ (mol.L^{-1})	0	0,025	0,05	0,075	0,08
$[NO_3^-]_0$ (mol.L^{-1})	0,1	0,075	0,05	0,025	0,02
$[Cl^-]$ (mmol.L^{-1})	17,50	40,00	61,50	81,00	85,50
$[NO_3^-]$ (mmol.L^{-1})	82,50	60,00	38,50	19,00	14,50
$\overline{[Cl^-]}$ (méq.g^{-1})	0,118	0,338	0,625	0,966	1,096
$\overline{[NO_3^-]}$ (méq.g^{-1})	1,411	1,170	0,927	0,483	0,443
$X(NO_3^-)$	0,825	0,600	0,385	0,190	0,145
$\overline{X}(NO_3^-)$	0,922	0,774	0,586	0,333	0,287

Tableau II.2 : Composition à l'équilibre d'échange d'ions : membrane AMX,
système Cl^- / NO_3^-, $C_0 = 0,05$ mol.L^{-1}, $\theta = 25$ °C.

	Echantillons				
	1	2	3	4	5
m_s (g)	0,31	0,32	0,31	0,31	0,31
C_E (méq.g^{-1})	1,53	1,51	1,58	1,45	1,54
$[Cl^-]_0$ (mol.L^{-1})	0	0,01	0,025	0,03	0,04
$[NO_3^-]_0$ (mol.L^{-1})	0,05	0,04	0,025	0,02	0,01
$[Cl^-]$ (mmol.L^{-1})	10,50	16,10	27,50	31,50	40,50
$[NO_3^-]$ (mmol.L^{-1})	39,50	33,90	22,50	18,50	9,45
$\overline{[Cl^-]}$ (méq.g^{-1})	0,683	1,033	1,378	1,329	1,495
$\overline{[NO_3^-]}$ (méq.g^{-1})	0,846	0,477	0,201	0,12	0,40
$X(NO_3^-)$	0,210	0,322	0,550	0,630	0,811
$\overline{X}(NO_3^-)$	0,447	0,684	0,869	0,917	0,970

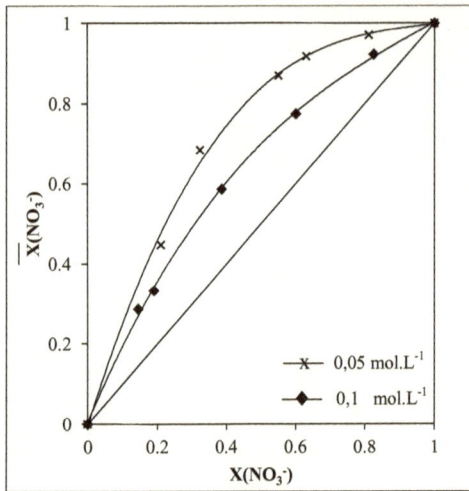

Figure II.1 : Isothermes d'échange d'ions : membrane AMX,
système Cl^- / NO_3^-, $\theta = 25\ °C$.

On constate que ces isothermes d'échange d'ions présentent la même allure :
une courbe passant par les coordonnées (0,0) et (1,1). En effet, pour une
concentration égale à 0,05 mol.L^{-1} et 0,1 mol.L^{-1}, les points sont situés au dessus
de la diagonale donc la membrane AMX a plus d'affinité pour les ions nitrate que
pour les ions chlorure.

II.1.2 Isothermes d'échange d'ions pour le système Cl^- / SO_4^{2-}

On dispose de cinq échantillons de la membrane sous forme ionique Cl^-.
Chaque échantillon est immergé dans différents mélanges de compositions bien
définies des deux conte-ions SO_4^{2-} et Cl^- aux concentrations totales C_0.

Les résultats obtenus sont récapitulés dans les tableaux II.3 et II.4 suivants :

Tableau II.3 : Composition à l'équilibre d'échange d'ions : membrane
AMX, système Cl^- / SO_4^{2-}, $C_0 = 0,1$ mol.L^{-1}, $\theta = 25$ °C.

	Echantillons				
	1	2	3	4	5
m_s (g)	0,31	0,32	0,31	0,31	0,31
C_E (méq.g^{-1})	1,53	1,51	1,58	1,45	1,54
$[Cl^-]_0$ (mol.L^{-1})	0	0,025	0,05	0,075	0,08
$[SO_4^{2-}]_0$ (mol.L^{-1})	0,1	0,075	0,05	0,025	0,02
$[Cl^-]$ (méq.L^{-1})	17,570	39,535	61,580	81,283	86,502
$[SO_4^{2-}]$ (méq.L^{-1})	164,86	120,93	60,840	37,434	26,996
$\overline{[Cl^-]}$ (méq.g^{-1})	0,157	0,337	0,646	0,943	1,016
$\overline{[SO_4^{2-}]}$ (méq.g^{-1})	1,372	1,172	0,933	0,506	0,520
$X(SO_4^{2-})$	0,903	0,753	0,555	0,315	0,238
$\overline{X}(SO_4^{2-})$	0,896	0,776	0,590	0,349	0,337

Tableau II.4 : Composition à l'équilibre d'échange d'ions : membrane AMX,
Système Cl^- / SO_4^{2-}, $C_0 = 0,05$ mol.L^{-1}, $\theta = 25$ °C.

	Echantillons				
	1	2	3	4	5
m_s (g)	0,31	0,32	0,31	0,31	0,31
C_E (méq.g^{-1})	1,53	1.51	1,58	1,45	1,54
$[Cl^-]_0$ (mol.L^{-1})	0	0,01	0,025	0,03	0,04
$[SO_4^{2-}]_0$ (mol.L^{-1})	0,05	0,04	0,025	0,02	0,01
$[Cl^-]$ (méq.L^{-1})	15,60	23,75	35,22	38,03	45,25
$[SO_4^{2-}]$ (méq.L^{-1})	68,8	52,5	29,56	23,94	16,74
$\overline{[Cl^-]}$ (méq.g^{-1})	0,271	0,435	0,755	0,802	1,089
$\overline{[SO_4^{2-}]}$ (méq.g^{-1})	1,258	1,074	0,825	0,647	0,410
$X(SO_4^{2-})$	0,815	0,688	0,456	0,386	0,270
$\overline{X}(SO_4^{2-})$	0,822	0,711	0,522	0,446	0,266

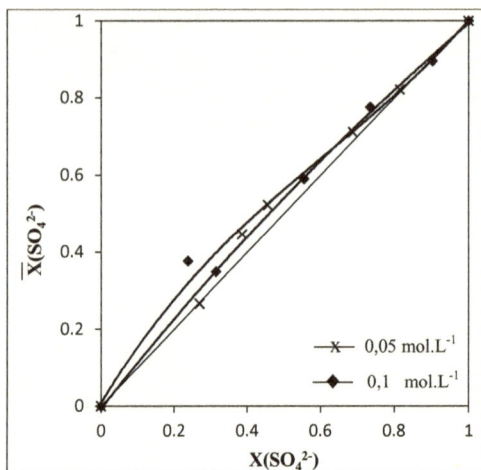

Figure II.2 : Isothermes d'échange d'ions : membrane AMX,
système Cl^- / SO_4^{2-}, $\theta = 25$ °C.

Les résultats obtenus montrent que la membrane AMX a plus d'affinité pour les ions sulfate que pour les ions chlorure.

II.1.3 Isothermes d'échange d'ions pour le système NO_3^- / SO_4^{2-}

On dispose de cinq échantillons de chaque type de membranes sous forme ionique NO_3^-. Chaque échantillon est immergé dans différents mélanges de compositions bien définies des ions SO_4^{2-} et NO_3^-. Lorsque l'équilibre est atteint on dose les ions présents en solution par chromatographie ionique.

Les résultats obtenus sont présentés dans le tableau II.5, II.6 et la figure II.3.

Tableau II.5 : Composition à l'équilibre d'échange d'ions : membrane AMX,
Système NO_3^- / SO_4^{2-}, $C_0 = 0,1$ mol.L^{-1}, $\theta = 25$ °C.

	Echantillons				
	1	**2**	**3**	**4**	**5**
m_s (g)	0,31	0,32	0,31	0,31	0,31
C_E (méq.g^{-1})	1,50	1,40	1,56	1,59	1,43
$[NO_3^-]_0$ (mol.L^{-1})	0	0,025	0,05	0,075	0,08
$[SO_4^{2-}]_0$ (mol.L^{-1})	0,1	0,075	0,05	0,025	0,02
$[NO_3^-]$ (méq.L^{-1})	8,50	26,80	50,45	75,12	80,07
$[SO_4^{2-}]$ (méq.L^{-1})	183,00	146,40	99,10	49,76	39,86
$\overline{[NO_3^-]}$ (méq.g^{-1})	0,814	1,259	1,523	1,580	1,424
$\overline{[SO_4^{2-}]}$ (méq.g^{-1})	0,685	0,140	0,036	0,009	0,004
$X(SO_4^{2-})$	0,955	0,845	0,663	0,398	0,332
$\overline{X}(SO_4^{2-})$	0,456	0,100	0,023	0,005	0,002

Tableau II.6 : Composition à l'équilibre d'échange d'ions : membrane AMX,
système NO_3^- / SO_4^{2-}, $C_0 = 0,05$ mol.L^{-1}, $\theta = 25$ °C.

	Echantillons				
	1	**2**	**3**	**4**	**5**
m_s (g)	0,31	0,32	0,31	0,31	0,31
C_E (méq.g^{-1})	1,50	1,40	1,56	1,59	1,43
$[NO_3^-]_0$ (mol.L^{-1})	0	0,01	0,025	0,03	0,04
$[SO_4^{2-}]_0$ (mol.L^{-1})	0,05	0,04	0,025	0,02	0,01
$[NO_3^-]$ (méq.L^{-1})	15,203	22,893	34,106	38,010	44,120
$[SO_4^{2-}]$ (mmol.L^{-1})	36,446	27,107	15,894	11,900	5,880
$\overline{[NO_3^-]}$ (méq.g^{-1})	0,274	0,393	0,825	0,944	1,118
$\overline{[SO_4^{2-}]}$ (méq.g^{-1})	1,226	1,007	0,734	0,646	0,332
$X(SO_4^{2-})$	0,820	0,703	0,482	0,385	0,210
$\overline{X}(SO_4^{2-})$	0,817	0,719	0,470	0,406	0,229

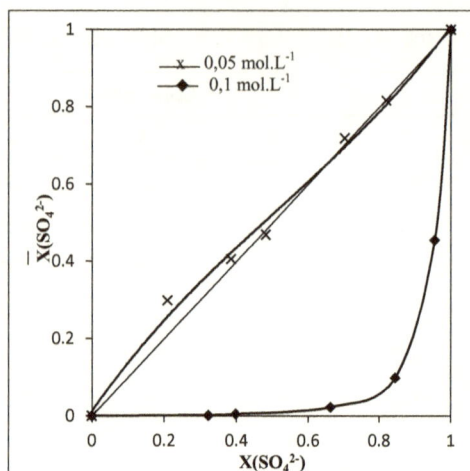

Figure II.3 : Isothermes d'échange d'ions : membrane AMX,

système NO_3^- / SO_4^{2-}, $\theta = 25\ ^\circ C$.

On constate que pour une concentration totale égale à 0,1 mol.L^{-1}, les points sont situés au dessous de la diagonale, la membrane sélectionne préférentiellement les ions nitrate. Par contre pour une concentration égale à 0,05 mol.L^{-1}, les points sont situés au dessus de la diagonale. Nous pouvons toutefois conclure que la membrane sélectionne préférentiellement les ions sulfate.

II.1.4 Ordre d'affinité

L'analyse des résultats de l'ordre d'affinité déduits des isothermes d'échange d'ions établis montre que :

- Pour une concentration égale à 0,05 mol.L^{-1}, la membrane AMX a une affinité plus grande pour les sulfates que pour les nitrates, que pour les chlorures : $SO_4^{2-} > NO_3^- > Cl^-$. Cet ordre s'explique par le faite que la membrane a plus d'affinité pour les ions les plus chargés et les ions qui ont un faible rayon ionique hydraté (r_{ih}).

Des études réalisées par Clifford et Weber [1] montrent que l'affinité de la résine Dowex 1X4 pour une concentration 5.10^{-3} mol.L^{-1} est dans l'ordre suivant : $SO_4^{2-} > NO_3^-$.

- Pour une concentration égale à 0,1 mol.L^{-1}, l'affinité de la membrane est plus grande, pour les nitrates que pour les sulfates, que pour les chlorures : $NO_3^- > SO_4^{2-} > Cl^-$.On observe une inversion dans l'ordre d'affinité pour les ions NO_3^- et SO_4^{2-}. Ceci a été trouvé par Soldatov et al [2] pour les résines Dowex 1X4 et Dowex 1X8 à une concentration égale à 0,1 mol.L^{-1}.

Cette inversion de l'ordre d'affinité peut être attribuée à l'augmentation de la concentration. Ces observations sont confirmées par les travaux de Smith et Woodburn [3], en effet, ils ont trouvé que pour des concentrations variant de 0,2 à 0,6 mol.L^{-1} que la résine de type Amberlite a une préférence croissante dans l'ordre suivant : $NO_3^- > SO_4^{2-}$.

Baohua et al [4] ont étudié les équilibres d'échange d'ions entre une résine de type Purolite A-520E et des solutions contenant les ions Cl^-, NO_3^- et SO_4^{2-} à une concentration égale à 0,16 mol.L^{-1}, ils ont trouvé que cette résine a plus d'affinité pour les ions nitrate que les ions sulfate. Un ordre similaire d'affinité a été trouvé par Tao et Zhou [5] pour une résine de type Amberlite et pour une concentration égale à 0,1 mol.L^{-1}.

II.2 Détermination des coefficients de sélectivité

II.2.1 Détermination de $K_{Cl^-}^{NO_3^-}$

Le but est de déterminer le coefficient de sélectivité $K_{Cl^-}^{NO_3^-}$ dont l'expression est formée par quatre inconnues selon l'équation d'échange suivante :

$$\overline{Cl^-} + NO_3^- \rightleftharpoons Cl^- + \overline{NO_3^-} \qquad (II\text{-}5)$$

L'expression du coefficient de sélectivité $K_{Cl^-}^{NO_3^-}$ est la suivante :

$$K_{Cl^-}^{NO_3^-} = \frac{[Cl^-] \cdot \overline{[NO_3^-]}}{\overline{[Cl^-]} \cdot [NO_3^-]} \qquad (II\text{-}6)$$

Avec:

- $[Cl^-]$: Concentration des ions chlorure dans la solution,

- $[NO_3^-]$: Concentration des ions nitrate dans la solution,

- $\overline{[Cl^-]}$: Concentration des ions chlorure dans la membrane,

- $\overline{[NO_3^-]}$: Concentration des ions nitrate dans la membrane.

Pour chaque type de membrane, l'étude a été faite sur cinq échantillons, à la force ionique 0,1 mol.L^{-1} et à la température $\theta = 25°C$.

Le tableau II.7 présente les coefficients de sélectivité du système binaire Cl^- / NO_3^-.

Tableau II.7 : Valeurs des coefficients de sélectivité du système Cl^- / NO_3^- , $I = 0,1$ mol.L^{-1}.

	Echantillons					Valeur
	1	**2**	**3**	**4**	**5**	**moyenne**
$K_{Cl^-}^{NO_3^-}$	2,5	2,3	2,5	2,1	2,4	2,4

II.2.2 Détermination de $K_{2Cl^-}^{SO_4^{2-}}$

Dans le cas de l'échange d'ions entre la membrane AMX sous forme chlorure et le système (Cl^-/SO_4^{2-}), on définit le coefficient de sélectivité correspondant par la relation suivante :

$$K_{2Cl^-}^{SO_4^{2-}} = \frac{[Cl^-]^2 \cdot \overline{[SO_4^{2-}]}}{\overline{[Cl^-]}^2 \cdot [SO_4^{2-}]} \qquad \text{(II-7)}$$

Avec:

- $[Cl^-]$: concentration des ions chlorure dans la solution,

- $[SO_4^{2-}]$: concentration des ions sulfate dans la solution,

- $\overline{[Cl^-]}$: concentration des ions chlorure dans la membrane,

- $\overline{[SO_4^{2-}]}$: concentration des ions sulfate dans la membrane.

Les valeurs trouvées sont récapitulées dans le tableau II.8.

Tableau II.8 : Valeurs des coefficients de sélectivité du système Cl^- / SO_4^{2-},

$$I = 0,1 \text{ mol.L}^{-1}.$$

	Echantillons					Valeur moyenne
	1	2	3	4	5	
$K_{2Cl^-}^{SO_4^{2-}}$	208,0	266,8	278,7	200,0	280,0	246,7

III.3.3 Détermination de $K_{2NO_3^-}^{SO_4^{2-}}$

L'expression du coefficient de sélectivité $K_{2Cl^-}^{SO_4^{2-}}$ correspondant à l'équilibre d'échange d'ions NO_3^- / SO_4^{2-} est la suivante :

$$K_{2NO_3^-}^{SO_4^{2-}} = \frac{[NO_3^-]^2 \cdot \overline{[SO_4^{2-}]}}{\overline{[NO_3^-]}^2 \cdot [SO_4^{2-}]} \qquad \text{(II-8)}$$

Avec:

- $[NO_3^-]$: concentration des ions nitrate dans la solution,

- $[SO_4^{2-}]$: concentration des ions sulfate dans la solution,

- $\overline{[NO_3^-]}$: concentration des ions nitrate dans la membrane,

- $[\overline{SO_4^{2-}}]$: concentration des ions sulfate dans la membrane.

Les différentes valeurs obtenues sont présentées dans le tableau II.9.

Tableau II.9 : Valeurs des coefficients de sélectivité du système NO_3^- / SO_4^{2-},
I = 0,1 mol.L^{-1}.

	Echantillons					Valeur moyenne
	1	**2**	**3**	**4**	**5**	
$K_{2NO_3^-}^{SO_4^{2-}}$	0,8	0,9	0,8	0,8	0,8	0,8

II.3 Diagramme d'échange d'ions ternaire

II.3.1 Introduction

De nombreux travaux ont été proposés afin de prédire le diagramme de l'équilibre d'échange ternaire. En effet, Smith et Woodburn [3] ont étudié l'équilibre d'échange d'ions ternaire entre une résine échangeuse d'anions base forte et le système ternaire $Cl^- / NO_3^- / SO_4^{2-}$, leur représentation graphique montre une bonne correspondance entre les résultats expérimentaux et ceux prédit à partir des systèmes binaires Cl^- / NO_3^-, Cl^- / SO_4^{2-} et NO_3^- / SO_4^{2-}. Pieroni et Dranoff [6] ont prouvé que la représentation graphique du système ternaire $K^+ / Na^+ / Ca^{2+}$ peut être réalisée à partir des données binaires. Dranoff et Lapidus [7] ont trouvé le même résultat quand ils ont suggéré qu'il serait possible de prédire l'équilibre ternaire à partir des données binaires. Tao et Zhou. [5] ont prouvé une bonne concordance entre les valeurs expérimentales du système ternaire et celles prédites.

II.3.2 Etablissement du diagramme ternaire

Le diagramme ternaire d'échange d'ions du système $Cl^- / NO_3^- / SO_4^{2-}$ est déterminé point par point pour la membrane anionique AMX et ceci en mesurant à chaque fois la fraction molaire de chaque ion à l'équilibre dans différentes solutions de mélanges d'anions de concentration totale 0,1 mol.L^{-1}. Le tableau II.10 donne les fractions molaires des ions, à l'équilibre dans la solution et dans la membrane.

Le diagramme d'échange d'ions ternaire donné dans la figure II.4 renferme 24 points expérimentaux qui sont divisés en 4 groupes, chaque groupe correspond à un rapport de fraction ionique de Cl^- et NO_3^- constant :

$X(Cl^-)/X(NO_3^-) = 0,5; 1; 3$ et 9.

Tableau II.10 : Composition à l'équilibre du système ternaire
$Cl^- / NO_3^- / SO_4^{2-}$.

Echantillons	Concentration initiale (mol.L^{-1})			Fraction molaire dans la membrane		
	$[SO_4^{2-}] \times 10^{-2}$	$[Cl^-] \times 10^{-2}$	$[NO_3^-] \times 10^{-2}$	$\overline{X}(SO_4^{2-})$	$\overline{X}(Cl^-)$	$\overline{X}(NO_3^-)$
1	9,000	0,330	0,670	0,730	0,056	0,255
2	7,970	0,680	1,350	0,594	0,086	0,337
3	6,700	1,100	2,200	0,462	0,089	0,460
4	5,000	1,670	3,330	0,310	0,122	0,608
5	2,000	2,670	5,330	0,094	0,135	0,773
6	1,000	3,000	6,000	0,053	0,116	0,379
7	9,000	0,500	0,500	0,369	0,153	0,489
8	7,970	1,015	1,015	0,145	0,218	0,653
9	6,700	1,650	1,650	0,065	0,232	0,684
10	5,000	2,500	2,500	0,859	0,068	0,087
11	2,000	4,000	4,000	0,683	0,147	0,183
12	1,000	4,500	4,500	0,615	0,185	0,228
13	9,000	0,750	0,250	0,43O	0,265	0,320
14	7,970	1,520	0,510	0,192	0,398	0,420
15	6,700	2,470	0,820	0,801	0,053	0,193
16	5,000	3,750	1,250	0,680	0,076	0,264
17	2,000	6,000	2,000	0,520	0,115	0,380
18	1,000	6,750	1,000	0,100	0,442	0,460
19	9,000	0,900	0,200	0,903	0,086	0,051
20	7,970	1,820	0,203	0,770	0,156	0,082
21	6,700	2,970	0,330	0,660	0,244	0,107
22	5,000	7,200	0,800	0,237	0,554	0,222
23	2,000	4,500	0,500	0,480	0,362	0,170
24	1,000	8,100	0,900	0,135	0,630	0,245

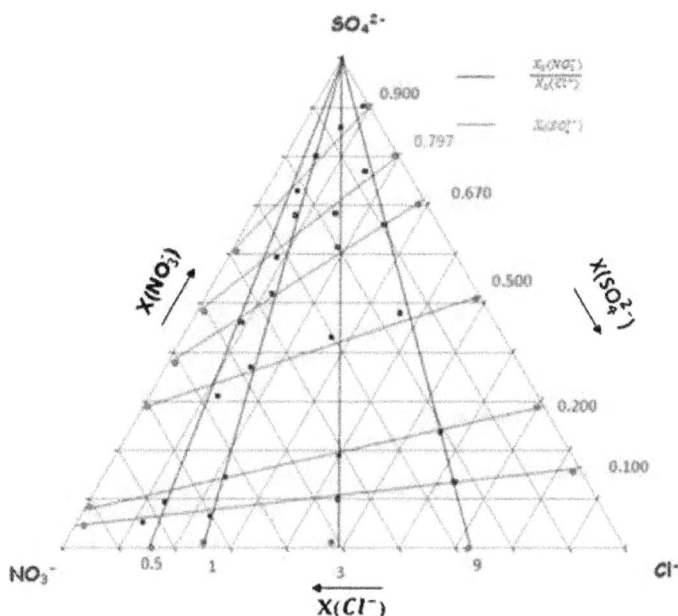

Figure II.4 : Diagramme ternaire d'échange d'ions du système $Cl^- / NO_3^- / SO_4^{2-}$
membrane AMX, $C = 0,1$ mol.L^{-1} et $\theta = 25°C$

Dans le diagramme il y a 16 points expérimentaux qui correspondent aux systèmes binaires Cl^- / NO_3^-, Cl^- / SO_4^{2-} et NO_3^- / SO_4^{2-}.

La fraction ionique de SO_4^{2-} dans les différents mélanges de solutions pour les systèmes binaires Cl^- / SO_4^{2-} et NO_3^- / SO_4^{2-} est respectivement 0,100; 0,200; 0,500; 0,670; 0,797 et 0,900. Il existe 40 points expérimentaux représentés dans le diagramme triangulaire, représenté dans la figure II.4.

Nous avons essayé de prédire le diagramme ternaire du système $Cl^- / NO_3^- / SO_4^{2-}$ à partir des données expérimentales déjà obtenues pour les trois systèmes binaires correspondants. Sur la base d'une concentration totale constante égale à 0,1 mol.L^{-1}. Nous avons établi les isothermes d'échange d'ions normalisés selon les équations suivantes :

$$\overline{X}\left(SO_4^{2-}\right)/\left\{\overline{X}\left(SO_4^{2-}\right)+\overline{X}\left(Cl^-\right)\right\} \quad vs \quad X\left(SO_4^{2-}\right)/\left\{X\left(SO_4^{2-}\right)+X\left(Cl^-\right)\right\} \qquad (II\text{-}9)$$

$$\overline{X}\left(SO_4^{2-}\right)/\left\{\overline{X}\left(SO_4^{2-}\right)+\overline{X}\left(NO_3^-\right)\right\} \quad vs \quad X\left(SO_4^{2-}\right)/\left\{X\left(SO_4^{2-}\right)+X\left(NO_3^-\right)\right\} \qquad (II\text{-}10)$$

$$\overline{X}\left(NO_3^-\right)/\left\{\overline{X}\left(NO_3^-\right)+\overline{X}\left(Cl^-\right)\right\} \quad vs \quad X\left(NO_3^-\right)/\left\{X\left(NO_3^-\right)+X\left(Cl^-\right)\right\} \qquad (II\text{-}11)$$

La figure II-5 représente la superposition des isothermes d'échange d'ions normalisés à ceux établi expérimentalement pour la membrane étudiée AMX.

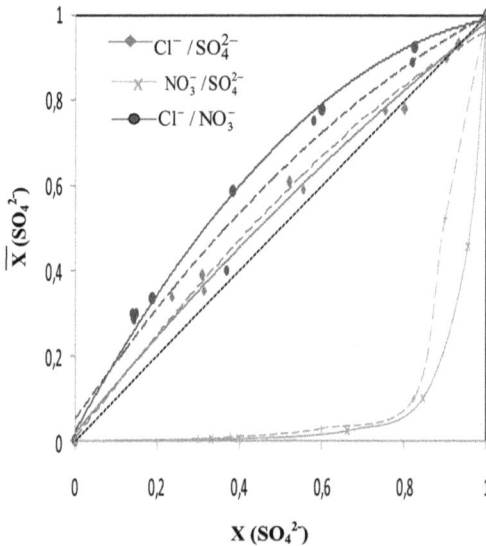

Figure II.5 : Superposition des isothermes d'échange d'ions normalisés (pointillé) à ceux établis expérimentalement (continu) pour la membrane AMX.

Les résultats obtenus montrent une bonne concordance entre les valeurs expérimentales et celles prédites. Ce résultat a été confirmé par le traçage des isothermes binaires normalisées sur le même graphique des systèmes binaires établis qui montre un écart dans les limites d'incertitude de mesure.

Références bibliographiques

[1] D. Clifford, W. J. Weber, J, Reactive. Polymers, 1, 77, **1983**.

[2] V.S. Soldatov, V. I. Sokolova, G. V. Medyak, A. A. Shunkevicha, Z. I. Akulich, Reactive & Functional Polymers, 67, 1530, **2007,**.

[3] R. Smith, E. Woodburn, AICHE Journal, 24, 577, **1978**.

[4] Gu. Baohua, K. U. Yee-Kyoung, Ph. M. Jardine, Environmental Science and Technology, 38, 3184, **2004**.

[5] Z. Tao, H. Zhou, Desalination, 69, 125, **1988**.

[6] L. Pieroni, J. Dranoff, AICHE Journal, 9, 42, **1963**.

[7] J. Dranoff, L. Lapidus, Industrial and engineering chemistry, 49, 1297, **1957**.

Chapitre III

Amélioration de la sélectivité de la résine échangeuse d'anions Dowex 1X8

Résumé

Dans ce chapitre, nous nous sommes intéressés à l'étude de l'effet de la modification de la résine échangeuse d'anions Dowex 1X8 par le polyéthylèneimine sur son affinité vis-à-vis des anions les plus rencontrés dans les eaux naturelles qui sont les ions chlorure, nitrate et sulfate.

Quelques généralités sur les résines échangeuses d'ions sont données. La caractérisation de la résine anionique Dowex 1X8 a été effectuée en déterminant son taux de gonflement et sa capacité d'échange. L'étude des équilibres d'échange d'ions binaires pour les systèmes (Cl^-/NO_3^-), (Cl^-/SO_4^{2-}) et (NO_3^-/SO_4^{2-}) a été effectuée. Les coefficients de sélectivité de l'échange d'ions sont déterminés. Ensuite, on a optimisé les facteurs influençant la modification de la résine en utilisant le plan d'expérience. Enfin, dans la dernière partie on a étudié les équilibres d'échanges d'ions binaires pour les systèmes (Cl^-/NO_3^-), (Cl^-/SO_4^{2-}) et (NO_3^-/SO_4^{2-}) et la résine modifiée.

III.1 Etude des équilibres d'échange d'ions binaires entre la résine Dowex 1X8 et les systèmes binaires (Cl^-/NO_3^-), (Cl^-/SO_4^{2-}) et (NO_3^-/SO_4^{2-})

III.1.1 Généralités sur les résines échangeuses d'ions

III.1.1.1 Définition

Les résines échangeuses d'ions se présentent sous forme de billes de diamètre variant de 0,5 à 2 mm, ou sous forme de poudre, de densité légèrement supérieure à celle de l'eau (d = 1,05 à 1,40). Les résines sont obtenues par polymérisation d'un monomère (styrène, acrylate,...) dont les longues chaines sont attachées entre elles par le divinylbenzène (DVB). Les résines sont activées en greffant sur le "squelette" obtenu précédemment des groupements fonctionnels qui définiront les ions actifs lors de la phase d'échange (phase de fixation des ions de la solution) [1].

Ces billes sont poreuses et contiennent de l'eau, invisible et inamovible. On mesure la teneur en eau et on l'exprime en "rétention d'humidité". La structure de la résine est un polymère sur lequel un ion fixe a été fixé de façon permanente. Cet ion ne peut pas être enlevé ou remplacé : il fait partie de la structure. Pour préserver la neutralité électrique de la résine, chacun de ces ions fixes doit être neutralisé par un contre-ion de charge opposée. Ce contre-ion est mobile et peut sortir de la résine ou y entrer.

La figure III.1 représente schématiquement des billes échangeuses de cations et d'anions. Les lignes grises représentent le squelette polymère de la résine : il est poreux et contient de l'eau. Les ions fixes de la bille échangeuse de cations sont des sulfonates (SO_3^-) attachés au squelette par liaison covalente.

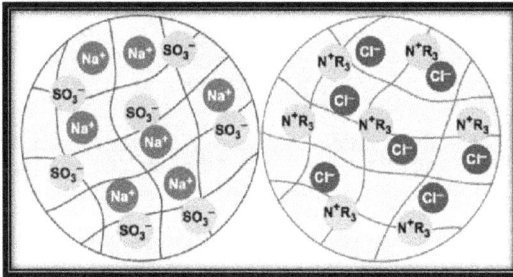

Figure III.1: Représentation schématique de billes de résines échangeuses de cations et d'anions.

Dans cette image, les ions mobiles sont des cations sodium (Na^+). Les résines échangeuses de cations, comme l'Amberjet 1200, sont souvent livrées sous forme sodium. Dans le cas de la résine échangeuse d'anions, les ions fixes sont des ammoniums quaternaires. Les ions mobiles présents dans la bille échangeuse d'anions sont ici les ions chlorure (Cl^-).

III.1.1.2 Les différents types de résine

Deux types de matrices sont utilisés, selon la porosité souhaitée :

- Les résines de type gel ont une porosité naturelle limitée à des distances intermoléculaires qui leur donne une structure de type microporeuse,
- Les résines de types macroporeuses ont des pores de plus grandes tailles du fait de l'ajout d'agents chimiques générateurs de pores [1].

En effet, au moment de la polymérisation, on ajoute au mélange de monomères une substance porogène qui se mélange intimement avec eux, mais ne polymérise pas (c'est donc un solvant des monomères dans lequel le polymère insoluble précipite).

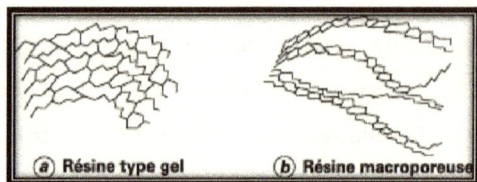

Figure III.2 : Structure schématique et configuration des mailles des résines de type gel et macroporeuse.

L'agent porogène forme au sein de la bille des canaux qui constituent une porosité artificielle. On appelle donc macroporeuses les résines qui contiennent ces canaux ; les autres résines dont la porosité est naturelle sont dites de type gel (figure III.2).

Les pores d'une résine macroporeuse ont un diamètre de l'ordre de 100 nm alors que ceux d'une résine de type gel sont de l'ordre du nanomètre. Ces macropores forment des canaux remplis d'eau libre. Les grandes molécules pénètrent donc facilement à l'intérieur des résines macroporeuses jusqu'au cœur de la bille.

III.1.1.3 Caractéristique d'une résine échangeuse d'ions

Pour caractériser une résine échangeuse d'ions, on fait appel à un certain nombre de grandeurs physico-chimiques tels que le taux de gonflement et la capacité d'change.

III.1.1.3.1 Le taux de gonflement

Une fois activées, les résines portent des ions fixes et des ions mobiles. Ces ions sont toujours environnés de molécules d'eau au sein même des billes de résine. Cette capacité de rétention d'humidité des résines est une grandeur essentielle pour la compréhension des propriétés d'une résine échangeuse d'ions : cinétique, capacité d'échange et solidité de la résine en dépendent étroitement.

On définit le taux de gonflement τ comme le rapport :

$$\tau = \frac{\text{masse résine hydratée - masse résine sèche}}{\text{masse résine hydratée}} \qquad \text{(III-1)}$$

Les principaux paramètres qui favorisent le taux de gonflement sont : un faible taux de réticulation, un fort caractère hydrophile du site échangeur d'ions, une forte capacité d'échange, une solvatation importante, une faible valence des contre-ions et une faible concentration de la solution externe.

III.1.1.3.2 La capacité d'échange

La capacité totale d'échange d'une résine, exprimée en équivalents par unité de masse (ou de volume), représente le nombre de sites actifs disponibles. Dans le cas d'un échangeur polystyrenique, le maximum de sites actifs correspond à la greffe d'un groupe actif par noyau benzénique. La capacité est exprimée en méq/g de résine sèche.

$$C_E = \frac{n}{m_s} \qquad \text{(III-2)}$$

Avec :

- n : nombre de moles de groupement fonctionnels susceptibles d'être échangés (méq),
- m_s : masse de la résine sèche (g).

III.1.1.4 Domaine d'application

L'échange d'ions est une technologie puissamment efficace pour l'élimination d'impuretés dans l'eau et dans des solutions diverses. De nombreuses industries ne peuvent se passer de l'échange d'ions pour produire de l'eau d'une extrême pureté :

- Centrales électriques nucléaires et thermiques,
- Semi-conducteurs, puces informatiques et écrans plats,
- Élimination sélective de contaminants dans l'eau potable, ...

Il y a un nombre considérable d'applications dans des domaines autres que le traitement d'eau. En voici quelques exemples :

- Adoucissement de jus sucrés de betterave avant évaporation,
- Décoloration de sirops de canne,
- Séparation chromatographique de glucose et fructose,
- Déminéralisation de lactosérum, de glucose et de nombreux autres produits alimentaires,
- Récupération de polyphénols destinés à l'industrie alimentaire,
- Récupération d'uranium dans les mines,
- Récupération d'or dans les bains de placage électrolytiques,
- Séparation de métaux en solution,
- Catalyse d'additifs antidétonants pour l'essence,
- Extraction d'antibiotiques et d'autres substances dans des bouillons de fermentation,
- Purification d'acides organiques,

- Résines en poudre utilisées dans les formulations pharmaceutiques, ...

III.1.2 Caractérisation de la résine Dowex 1X8

La résine Dowex 1X8 est une résine échangeuse d'anions base forte, élaborée par la société Applichem, par greffage de groupements ammoniums quaternaires sur une structure à base de polystyrène réticulée au divinylbenzène. Les différentes caractéristiques physico-chimiques de la résine échangeuse d'anions Dowex 1X8 utilisée tout au long de notre travail sont regroupées dans le tableau III.1 :

Tableau III.1 : Caractéristiques de la résine anionique Dowex 1X8.

	Résine Dowex 1X8
Type	Homogène
Structure	Polystyrène/DVB
% DVB	8
Diamètre des billes	30-150 µm

Ces données sont complétées par la détermination expérimentale du temps d'établissement de l'équilibre, du taux d'humidité (τ) et de la capacité d'échange (C_E).

III.1.2.1 Etablissement de l'équilibre d'échange d'ions

Une masse m (g) de la résine Dowex 1X8 sous forme Cl^- est immergée dans une solution contenant les ions nitrate à une température constante égale à 25°C. Il s'établit donc entre la solution et la résine l'équilibre d'échange d'ions suivant :

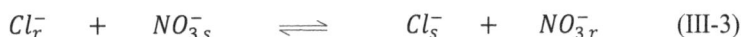

$$Cl_r^- \quad + \quad NO_{3\,s}^- \quad \rightleftharpoons \quad Cl_s^- \quad + \quad NO_{3\,r}^- \qquad \text{(III-3)}$$

r et s désignent, respectivement, la résine et la solution.

La concentration en ions chlorure dans la solution est suivie, au cours du temps, pour déterminer le temps nécessaire à l'établissement de l'équilibre d'échange d'ions. Les résultats obtenus sont présentés dans le tableau III.2 :

Tableau III.2 : Variation de la concentration des ions Cl⁻ en fonction du temps.

Temps (min)	$[Cl^-]_s$ (mol.L^{-1})
0	0
20	0,241
40	0,269
60	0,270
80	0,270
100	0,270

Ces données nous permettent de tracer la courbe, de la figure III.3, représentant la variation de la concentration en ions chlorure en fonction du temps :

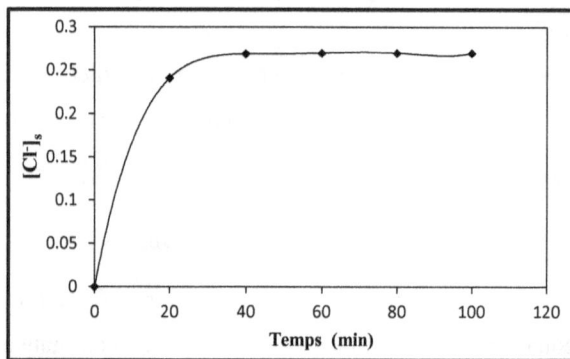

Figure III.3 : Etablissement de l'équilibre d'échange d'ions pour la résine Dowex 1X8 à 25°C.

A partir de la courbe III.3 nous pouvons constater que l'équilibre d'échange d'ions pour la résine Dowex 1X8 est atteint au bout de 40 minutes.

III.1.2.2 Taux de gonflement

Les résines commerciales se trouvent toujours à l'état hydraté. Dans le but de déterminer le taux d'humidité, on a procédé comme suit : une masse m_0 initiale d'une résine humide est placée à l'étuve à une température de 100°C. La diminution de la masse de l'échantillon est suivie au cours du temps, jusqu'à valeur constante notée m_f.

Le tableau III.3 présente les taux de gonflement des différents échantillons de la résine échangeuse d'anions Dowex 1X8 sous les trois formes ioniques :

Tableau III.3 : Taux de gonflement de la résine échangeuse
d'anions Dowex 1X8.

Forme ionique	Echantillons			Valeur moyenne de τ (%)
	1	2	3	
Cl^-	39,13	35,16	40,4	38,2
NO_3^-	36,0	37,4	36,9	36,7
SO_4^{2-}	33,1	33,5	34,4	33,6

Les différents résultats présentés dans le tableau III.3 montrent une certaine variation du taux de gonflement avec la nature du contre-ion. Ceci est expliqué par le fait que le taux d'humidité d'une résine échangeuse d'ions est influencé par plusieurs facteurs tel que la charge et la taille des contre-ions et la matrice de la résine.

On remarque que la résine gonfle plus pour les ions chlorure ceci est attribué au fort caractère hydrophile du contre-ion. En effet l'ion chlorure possède le rayon ionique le plus faible (tableau III.4), il sera donc le plus hydraté.

Tableau III.4 : Rayons ioniques des différentes formes ioniques choisies.

Forme ionique	Rayon ionique non hydraté r_i (Å) [2]
Cl^-	1,81
NO_3^-	1,89
SO_4^{2-}	2,40

III.1.2.3 Capacité d'échange

Une masse donnée de la résine anionique sous forme (Cl^-) est placée dans une colonne en verre. On fait passer une solution concentrée de soude, la résine devient alors sous forme OH^-. Puis on inverse le sens de cette réaction en la remettant sous sa forme initiale (Cl^-) par passage d'une solution d'acide chlorhydrique (HCl).

La quantité d'hydroxyde libérée correspond à la capacité d'échange de la résine. Cette quantité est déterminée par un dosage en retour. En effet, au cours de la régénération, on libère les anions OH^- et on neutralise en même temps ces derniers par l'acide. L'excès de l'acide est titré ensuite par pH-métrie afin de déterminer la quantité de OH^- qui a été neutralisée, ce qui revient à déterminer enfin de compte la quantité de OH^- échangée avec la résine.

✓ **Mode opératoire**

On met une masse m (environ 2 g) de la résine à étudier dans une colonne, on fait passer 100 mL d'une solution de soude (2 mol.L^{-1}) fraîchement préparée avec de l'eau distillée bouillie, afin d'éviter la carbonatation, dans la colonne contenant la résine. Ensuite on rince la résine avec l'eau bouillie jusqu'à la neutralité de la solution sortante (vérification avec du papier pH). Une fois qu'on s'est assuré de la neutralité de la solution sortante on fait passer une solution de HCl (0,1 mol.L^{-1}) : les 2 premiers mL sont éliminés (volume interstitiel) et recueillir les 100 mL suivants.

On dose l'excès de HCl par la soude (0,4 mol.L^{-1}), puis on rince la résine avec de l'eau jusqu'à neutralité.

✓ **Résultats**

Trois essais sont effectués pour déterminer la capacité d'échange selon le protocole décrit précédemment. Les résultats sont récapitulés dans le tableau III.5 suivant :

Tableau III.5 : Capacité d'échange d'ions de la résine échangeuse d'anions Dowex 1X8.

Capacité d'échange en méq.g^{-1}			
Essai1	Essai 2	Essai 3	moyenne
2,84	2,84	2,85	2,84

III.1.3 Etude de l'équilibre d'échange d'ions entre la résine Dowex 1X8 et des solutions d'électrolytes

Le but de cette étude est d'établir les isothermes d'échange d'ions binaire entre la résine Dowex 1X8 et des solutions d'électrolytes contenant les systèmes (Cl^-/NO_3^-), (Cl^-/SO_4^{2-}) et (NO_3^-/SO_4^{2-}) à force ionique constante égale à 0,3 mol.L^{-1} et à une température de 25°C.

III.1.3.1 Isothermes d'échange d'ions (Cl^-/NO_3^-)

Plusieurs échantillons de résine sous forme Cl^- ont été introduit dans des mélanges contenant les ions Cl^- et NO_3^- de compositions variables en maintenant la force ionique de la solution constante égale à 0,3 mol.L^{-1} et à une température θ égale à 25°C, il s'établit donc l'équilibre d'échange d'ions correspondant.

A l'équilibre les concentrations des différents ions présents en solution seront dosés par chromatographie ionique, et les concentrations des différentes espèces présentes dans la résine sont déterminées à partir des relations de bilans de charge et de bilans de matière suivantes :

1. Bilan de charge :

- dans la résine : $\qquad C_E = [Cl^-]_r + [NO_3^-]_r$ $\qquad$ (III-4)

- dans la solution : $\qquad C_0 = [Cl^-]_s + [NO_3^-]_s$ $\qquad$ (III-5)

2. Bilan de matière :

- dans la résine : $m_s . C_E + V . [Cl^-]_0 = V . [Cl^-]_s + m_s . [Cl^-]_r$ (III-6)

- dans la solution : $V . [NO_3^-]_0 = V . [NO_3^-]_s + m_s . [NO_3^-]_r$ (III-7)

Avec :

- m_s :   masse sèche de la résine en g,

- V :   volume de la solution en L,

- C_E :   capacité d'échange de la résine en méq.g^{-1},

- C_0 :   concentration totale de la solution en méq.L^{-1},

- $[Cl^-]_0$:   concentration initiale des ions chlorure dans la solution en méq.L^{-1},

- $[Cl^-]_s$:   concentration à l'équilibre des ions chlorure dans la solution en méq.L^{-1},

- $[NO_3^-]_s$:   concentration à l'équilibre des ions nitrate dans la solution en méq.L^{-1},

- $[Cl^-]_r$:   concentration des ions chlorure dans la résine en méq.g^{-1},

- $[NO_3^-]_r$:   concentration des ions nitrate dans la résine en méq.g^{-1}.

Nous définissons aussi les fractions molaires équivalentes du contre-ion i et du contre-ion j, $X_s(i)$, $X_s(j)$, $X_r(i)$ et $X_r(j)$ respectivement dans la solution et dans la résine par :

$$X_s(i) = \frac{z_i . [i]_s}{z_i . [i]_s + z_j . [j]_s} \quad \text{et} \quad X_s(j) = \frac{z_j . [j]_s}{z_i . [i]_s + z_j . [j]_s} \qquad \text{(III-8)}$$

$$X_r(i) = \frac{z_i . [i]_r}{z_i . [i]_r + z_j . [j]_r} \quad \text{et} \quad X_r(j) = \frac{z_j . [j]_r}{z_i . [i]_r + z_j . [j]_r} \qquad \text{(III-9)}$$

Avec z_i et z_j sont respectivement les charges des ions i et j.

La détermination des fractions molaires équivalentes des différentes espèces ioniques présentes dans la solution et dans la résine nous permet d'établir les isothermes d'échange d'ions résine Dowex 1X8 / Système binaire (Cl^-/NO_3^-). Le tableau III.6 présente les concentrations des différentes espèces à l'équilibre.

Tableau III.6 : Composition à l'équilibre d'échange d'ions résine Dowex /système (Cl^-/NO_3^-), I = 0,3 mol.L^{-1}, θ = 25°C.

	Echantillons				
	1	2	3	4	5
$[Cl^-]_0$ (méq.L^{-1})	0	45,0	150,0	175,0	208,0
$[NO_3^-]_0$ (méq.L^{-1})	284,0	231,0	132,0	117,0	87,7
$[Cl^-]_s$ (méq.L^{-1})	99,5	143,5	230,6	220,0	272,0
$[NO_3^-]_s$ (méq.L^{-1})	179,3	126,5	64,3	74,0	44,0
$[Cl^-]_r$ (méq.g^{-1})	0,377	0,377	0,837	1,705	1,240
$[NO_3^-]_r$ (méq.g^{-1})	2,617	2,617	1,702	1,070	1,091
$X_s(Cl^-)$	0,357	0,531	0,782	0,748	0,860
$X_r(Cl^-)$	0,126	0,126	0,329	0,614	0,532
$X_s(NO_3^-)$	0,643	0,468	0,218	0,251	0,140
$X_r(NO_3^-)$	0,874	0,874	0,520	0,385	0,467

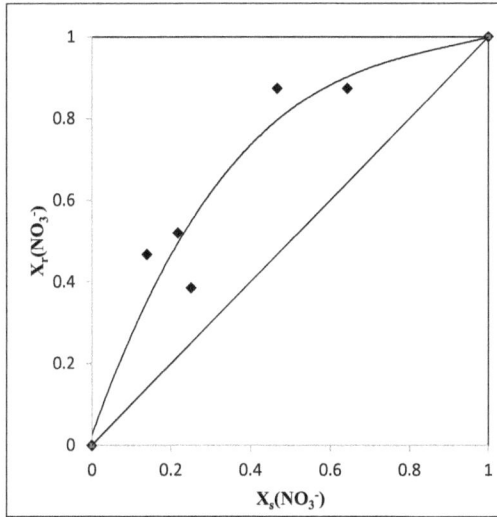

Figure III.4 : Isotherme d'échange d'ions, résine DOWEX/système (Cl^-/NO_3^-),
$I = 0,3$ mol.L^{-1}, $\theta = 25°C$.

L'analyse de cette isotherme montre que tous les points sont situés au-dessus de la diagonale indiquant que la résine a plus d'affinité pour les ions nitrate que pour les ions chlorure.

III.1.3.2 Isothermes d'échange d'ions Cl$^-$/SO$_4^{2-}$

Six échantillons de résine de masse 2g sous forme ionique Cl^- ont été immergés dans des mélanges contenant les ions Cl^- et SO_4^{2-} de compositions variables en maintenant la force ionique de la solution constante égale à 0,3 mol.L^{-1} et en fixant la température à 25°C, il s'établit donc l'équilibre d'échange d'ions suivant :

$$2Cl_r^- + SO_4^{2-}{}_s \rightleftharpoons 2Cl_s^- + SO_4^{2-}{}_r \qquad (III-10)$$

A l'équilibre nous déterminons les concentrations des différents ions présents en solution et dans la résine en utilisant les équations de bilans de charge et de matière suivantes :

1. Bilan de charge :

- Dans la résine : $C_E = [Cl^-]_r + [SO_4^{2-}]_r$ (III-11)
- Dans la solution : $C_0 = [Cl^-]_s + [SO_4^{2-}]_s$ (III-12)

2. Bilan de matière :

- Dans la résine : $m_s.\,C_E + V.\,[Cl^-]_0 = V.\,[Cl^-]_s + m_s.\,[Cl^-]_r$ (III-13)
- Dans la solution : $V.\,[SO_4^{2-}]_0 = V.\,[SO_4^{2-}]_s + m_s.\,[SO_4^{2-}]_r$ (III-14)

Avec :

- m_s : masse sèche de la résine en g,
- V : volume de la solution en L,
- C_E : capacité d'échange de la résine en méq.g^{-1},
- C_0 : concentration totale de la solution en méq.L^{-1},
- $[Cl^-]_0$: concentration initiale des ions chlorure dans la solution en méq.L^{-1},
- $[SO_4^{2-}]_0$: concentration initiale des ions sulfate dans la solution en méq.L^{-1},
- $[Cl^-]_s$: concentration à l'équilibre des ions chlorure dans la solution en méq.L^{-1},
- $[SO_4^{2-}]_s$: concentration à l'équilibre des ions sulfate dans la solution en méq.L^{-1},
- $[Cl^-]_r$: concentration des ions chlorure dans la résine en méq.g^{-1},
- $[SO_4^{2-}]_r$: concentration des ions sulfate dans la résine en méq.g^{-1}.

Les concentrations des différentes espèces présentes en solution et dans la résine sont récapitulées dans le tableau III.7 :

Tableau III.7 : Composition à l'équilibre d'échange d'ions, résine Dowex/Système (Cl^-/SO_4^{2-}), I=0,3 mol.L^{-1}, θ=25°C.

	Echantillons					
	1	2	3	4	5	6
$[Cl^-]_0$ (méq.L^{-1})	0	50,79	101,26	152,57	214,79	261,10
$[SO_4^{2-}]_0$ (méq.L^{-1})	227,83	188,89	143,87	130,75	84,06	36,80
$[Cl^-]_s$ (méq.L^{-1})	69,75	97,93	133,39	193,58	242,49	287,73
$[SO_4^{2-}]_s$ (méq.L^{-1})	147,92	127,10	95,56	95,12	60,96	34,00
$[Cl^-]_r$ (méq.g^{-1})	1,096	1,661	2,037	1,815	2,147	2,174
$[SO_4^{2-}]_r$ (méq.g^{-1})	1,998	1,545	1,208	0,891	0,578	0,07
$X_s(Cl^-)$	0,351	0,470	0,610	0,664	0,796	0,886
$X_r(Cl^-)$	0,354	0,518	0,628	0,671	0,788	0,89
$X_s(SO_4^{2-})$	0,649	0,530	0,390	0,336	0,204	0,114
$X_r(SO_4^{2-})$	0,646	0,482	0,372	0,329	0,212	0,11

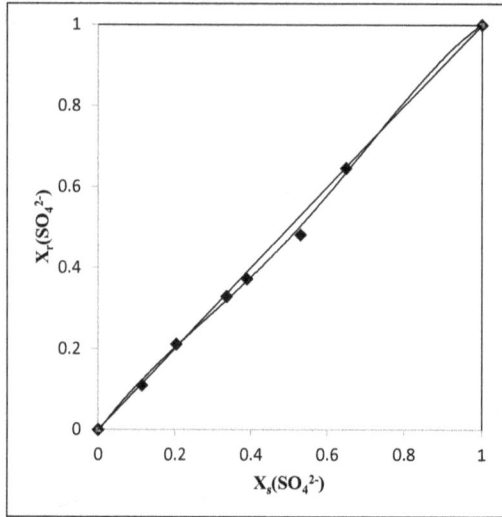

Figure III.5 : Isotherme d'échange d'ions, résine DOWEX/système
(Cl^-/SO_4^{2-}), I = 0,3 mol.L^{-1}, θ = 25°C.

L'analyse de cette isotherme montre que les points sont situés légèrement au-dessous de la diagonale indiquant que la résine a légèrement plus d'affinité pour les ions chlorure que pour les ions sulfate.

III.1.3.3 Isothermes d'échange d'ions NO_3^-/SO_4^{2-}

Nous disposons de six échantillons de résine sous forme ionique NO_3^-. Chaque échantillon est immergé dans des mélanges des ions NO_3^- et SO_4^{2-} de compositions différentes à une force ionique constante égale à 0,3 mol.L^{-1}. La température du milieu est maintenue constante et égale à 25°C.

Après un certain temps il s'établit l'équilibre d'échange d'ions suivant :

$$2NO_{3\ r}^- \quad + \quad SO_{4\ s}^{2-} \quad \rightleftharpoons \quad NO_{3\ s}^- \quad + \quad SO_{4\ r}^{2-} \qquad \text{(III-15)}$$

A l'équilibre les concentrations des différents ions sont déterminées à partir des relations suivantes :

- $C_E = [NO_3^-]_r + [SO_4^{2-}]_r$ (III-16)
- $C_0 = [NO_3^-]_s + [SO_4^{2-}]_s$ (III-17)
- $m_s.C_E + V.[NO_3^-]_0 = V.[NO_3^-]_s + m_s.[NO_3^-]_r$ (III-18)
- $V.[SO_4^{2-}]_0 = V.[SO_4^{2-}]_s + m_s.[SO_4^{2-}]_r$ (III-19)

Où les concentrations dans la solution sont exprimées en méq.L^{-1} et dans la résine en méq.g^{-1}.

Le tableau III.8 regroupe les concentrations des différents ions en solution et dans la résine :

Tableau III.8 : Composition à l'équilibre d'échange d'ions, résine DOWEX/Système (NO_3^-/SO_4^{2-}), I = 0,3 mol.L^{-1}, θ = 25°C.

	Echantillons					
	1	2	3	4	5	6
$[NO_3^-]_0$(méq.L^{-1})	0	51,452	105,60	147,70	209,93	273,76
$[SO_4^{2-}]_0$ (méq.L^{-1})	218,71	182,31	145,17	105,62	72,92	35,94
$[NO_3^-]_s$(méq.L^{-1})	40,53	74,45	114,03	172,26	217,56	277,92
$[SO_4^{2-}]_s$(méq.L^{-1})	172	147,646	129,146	103,06	67,86	32,90
$[NO_3^-]_r$(méq.g^{-1})	1,827	2,265	2,629	2,23	0,649	2,736
$[SO_4^{2-}]_r$(méq.g^{-1})	1,167	0,867	0,400	0,064	0,125	0,076
$X_s(NO_3^-)$	0,185	0,318	0,455	0,680	0,769	0,897
$X_r(NO_3^-)$	0,610	0,723	0,868	0,972	0,955	0,973
$X_s(SO_4^{2-})$	0,815	0,681	0,545	0,320	0,231	0,103
$X_r(SO_4^{2-})$	0,500	0,277	0,132	0,028	0,045	0,027

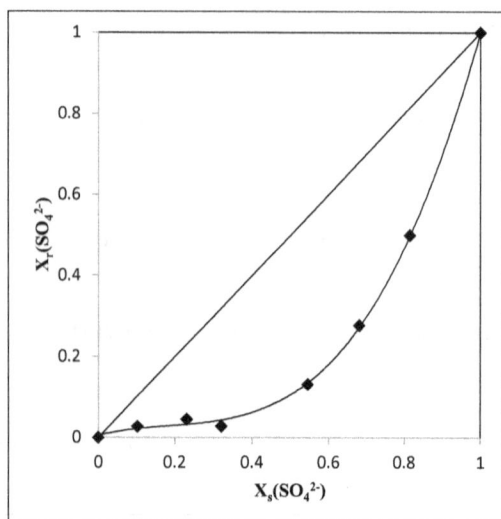

Figure III.6 : Isotherme d'échange d'ions, résine DOWEX/système

(NO_3^-/SO_4^{2-}), $I = 0,3$ mol.L^{-1}, $\theta = 25°C$.

L'analyse de cette isotherme montre que tous les points sont situés au-dessous de la diagonale indiquant que la résine a plus d'affinité pour les ions nitrate que pour les ions sulfate.

III.1.3.4 Ordre d'affinité

L'examen des différentes isothermes établies précédemment montre qu'à 25°C et pour une force ionique égale à 0,3 mol.L^{-1}, l'ordre d'affinité est : $NO_3^- > Cl^- > SO_4^{2-}$.

Des études réalisées par Hannachi et al [3] montrent qu'à une concentration totale égale à 0,05 mol.L^{-1}, c'est-à-dire pour des forces ioniques variantes de 0,05 à 0,15 mol.L^{-1}, la membrane AMX a plus d'affinité pour les sulfates que les nitrates que les chlorures.

Pour une concentration totale constante égale à 0,1 mol.L^{-1} c'est-à-dire pour des forces ioniques allant de 0,15 à 0,3 mol.L^{-1}, Hannachi et al [3] ont observé une inversion pour le système (NO_3^-/SO_4^{2-}) et l'ordre d'affinité devient : $NO_3^- > SO_4^{2-} > Cl^-$. Smith et Woodburn [4], ont conclu aussi que pour des concentrations totales variant de 0,2 à 0,6 mol.L^{-1} et à une température égale à 22°C, l'ordre d'affinité pour la résine échangeuse d'anions IRA 400 (ammonium quaternaire) est le suivant : $Cl^- > SO_4^{2-}$ et $NO_3^- > SO_4^{2-}$.

Les résultats trouvés par Guesmi et al [5] utilisant une membrane AMX à une concentration totale constante égale à 0,3 mol.L^{-1}, montrent que pour le système (Cl^-/NO_3^-) où la force ionique est de l'ordre de 0,3 mol.L^{-1}, la membrane AMX a plus d'affinité pour les ions chlorure que les nitrates alors que pour les deux autres systèmes (Cl^-/SO_4^{2-}) et (NO_3^-/SO_4^{2-}) où les forces ioniques des mélanges initiaux allant de 0,3 à 0,9 mol L^{-1}, la membrane AMX a plus d'affinité pour les chlorures que les sulfates et pour les nitrates que pour les sulfates.

Ces résultats peuvent confirmer que l'augmentation de la concentration totale traduit une inversion de l'ordre d'affinité ce qui justifie l'ordre d'affinité, en effet la résine a plus d'affinité pour les ions monovalents que les ions bivalents ce qui justifie l'ordre d'affinité trouvé.

III.1.4 Détermination des coefficients de sélectivité et des coefficients d'activités de l'équilibre d'échange d'ions

On se propose de déterminer les coefficients de sélectivité et les coefficients d'activités d'échange d'ions des trois systèmes binaires (Cl^-/NO_3^-), (Cl^-/SO_4^{2-}) et (NO_3^-/SO_4^{2-}), aux conditions opératoires choisies précédemment. Les différentes valeurs calculées des coefficients de sélectivité et des coefficients d'activités d'échange d'ions sont récapitulées dans le tableau III.9 :

Tableau III.9 : Valeurs des coefficients de sélectivité, des coefficients d'activité dans la solution et dans la résine et des constantes thermodynamiques des différents systèmes.

Système A/B	K_A^B	$\gamma_r(A)$	$\gamma_r(B)$	$\gamma_s(A)$	$\gamma_s(B)$	$K_A^{\circ B}$
(Cl^-/NO_3^-)	5,77	0,81	0,86	0,56	0,56	6,67
(Cl^-/SO_4^{2-})	0,03	0,92	0,68	0,67	0,26	0,04
(NO_3^-/SO_4^{2-})	0,009	0,93	0,39	0,67	0,25	0,007

Les résultats obtenus montrent que les valeurs de $K_A^{\circ B}$ sont différents de celles de K_A^B. Ceci prouve que nous faisons une erreur en confondant $K_A^{\circ B}$ à K_A^B.

III.2 Amélioration de la sélectivité de la résine Dowex 1X8 par modification de sa surface

III.2.1 Généralités

Plusieurs méthodes [6-9] ont été utilisées pour développer le processus d'échange d'ions, tels que l'adsorption de composés hydrophiles ou hydrophobes, le greffage de groupes chélatants, et la modification des propriétés de surface par imprégnation dans les solutions de polyélectrolytes. Cette modification de la surface de l'échangeur peut conduire à optimiser l'élimination des ions et à rendre la séparation plus efficace.

La modification de la surface de l'échangeur d'ions consiste à fixer l'un des composants chimiques sur la matrice de la surface du matériau et, par conséquent, ce phénomène a principalement deux effets, le premier est la création de charges électrostatiques à côté des charges de groupes fonctionnels dans l'échangeur de matériel original, cédant à de nouvelles interactions avec les ions aqueux. La seconde est la variation de la surface des matériaux, ce qui peut affecter la sorption des ions aqueux sur l'échangeur.

La combinaison de deux effets fournit une nouvelle propriété hydrophile / hydrophobe et modifie les charges électrostatiques à l'intérieur de la matrice échangeuse d'ions résultant de l'amélioration de la sélectivité pour des ions particuliers.

La modification de la surface de la résine échangeuse d'ions a été largement étudié dans de nombreux travaux précédents [10-12], le polyéthylèneimine (PEI) a également été généralement employé comme adsorbat en ce qui concerne ses propriétés acide-base.

Les tensioactifs sont également utilisés pour leur qualité pour être facilement absorbé dans le matériau échangeur d'ions, alors que seuls quelques ouvrages sur la modification de la surface de la résine échangeuse d'anions ont été rapportés.

La modification chimique est aussi appliquée aux membranes échangeuses d'ions afin d'améliorer leurs sélectivités préférentielles. L'avantage de la modification de la surface est de changer les propriétés physico-chimiques de celle-ci sans altérer ses propriétés intrinsèques.

Par ailleurs, Amara et Kherdjouj [10-12] ont mené plusieurs études sur la modification des résines d'échanges d'ions par adsorption de PEI et dans le but de séparer et récupérer des ions métalliques provenant d'effluents industriels. Un comportement similaire à celui des membranes échangeuses de cations a été observé concernant l'effet de la modification de la surface par le polyélectrolyte sur la sélectivité de la résine [10].

L'adsorption d'un polyélectrolyte est la méthode la plus couramment utilisée pour la modification de la surface d'une membrane échangeuse de cations. Elle a été utilisée industriellement, depuis 1967, pour la préparation des membranes monosélectives pour la production du sel de table. Les membranes modifiées sont réalisées soit par immersion de la membrane échangeuse de cations dans une solution de polyélectrolyte permettant de modifier les deux faces de la membrane [9-16], soit par électrodéposition du polyélectrolyte sur une seule face sous l'effet d'un champ électrique [17-21].

III.2.2 Modification de la résine Dowex 1X8 par adsorption du polyéthylèneimine

La modification de la surface de la résine anionique Dowex 1X8 par simple immersion dans une solution de polyéthylèneimine dépend de plusieurs facteurs à savoir : le temps d'adsorption, le pH de la solution, la masse moléculaire du polyéthylèneimine et la concentration initiale du polyélectrolyte.

III.2.2.1 Optimisation du temps d'adsorption du PEI sur la résine

Pour prévoir le temps nécessaire pour que la quantité maximale de PEI s'adsorbe sur la surface de la résine, nous disposons d'un échantillon de résine immergé dans une solution de polyéthylèneimine de concentration 1 g.L^{-1}. Le mélange est maintenu sous agitation à 25 °C. La concentration du PEI dans la solution est suivie au cours du temps et la quantité du PEI adsorbée sur la surface de la résine a été calculée selon la relation suivante :

$$Q(PEI)_{adsorbée} = (C_0 - C).\frac{V}{m} \qquad \text{(III-20)}$$

Avec :

- $Q(PEI)_{adsorbée}$: Quantité du PEI adsorbée sur la surface de la résine en mg.g^{-1}

- C_0 : Concentration initiale du PEI en g.L^{-1},

- C : Concentration du PEI dans la solution à un instant t en g.L^{-1},

- M : Masse de résine en g,

- V : Volume de la solution en L.

Les résultats obtenus sont présentés dans le tableau III.10 :

Tableau III.10 : Variation de la quantité adsorbée du PEI en fonction du temps.

Temps (jours)	Q(PEI)$_{adsorbée}$ (mg.g^{-1})
0	0
1	2,200
2	3,830
3	4,073
4	4,525
5	4,873
6	5,400
7	6,299
8	7,000
9	7,200
10	7,200
11	7,200
12	7,200

Ces données nous permettent de tracer la courbe, de la figure III.7, représentant la variation de la quantité adsorbée du PEI en fonction du temps :

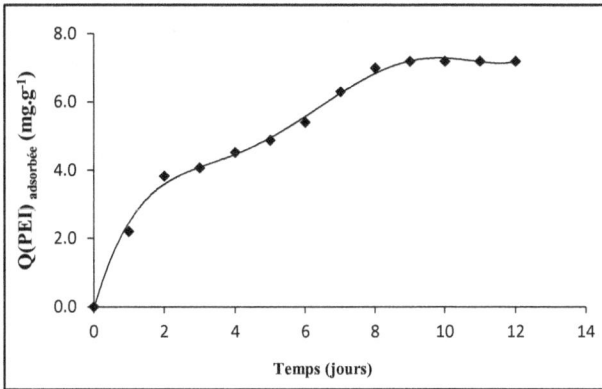

Figure III.7 : Quantité adsorbée du PEI sur la surface de la résine en fonction du temps, [PEI]$_{initiale}$ = 1 g.L^{-1}, pH = 9,8, θ = 25°C.

La figure III.7 montre que le temps nécessaire pour que la quantité maximale de PEI s'adsorbe sur la surface de la résine est d'environ huit jours.

III.2.2.2 Optimisation des conditions de modification de la résine par la méthode des plans d'expérience

L'objectif de cette étude est de déterminer les conditions optimales de modification de la résine anionique Dowex 1X8. Des travaux antécédents [6] sur la modification des résines échangeuses d'ions par adsorption d'un polyélectrolyte et en particulier par simple immersion de la résine dans une solution de polyélectrolyte nous ont conduits à choisir trois facteurs à savoir, la concentration initiale du polyéthylèneimine (X_1), la masse moléculaire du polyéthylèneimine (X_2) et le pH du milieu (X_3).

Nous avons étudié, dans cette partie l'influence de ces trois facteurs sur la modification de la résine anionique Dowex 1X8. Nous avons adopté la méthodologie de recherche expérimentale moyennant les plans factoriels complets [22, 23]. En effet, les plans factoriels complets à deux niveaux (minimum (-1) et maximum (+1)) sont les plus simples, ils sont aussi les plus utiles car ils forment la base de tous les débuts d'étude. Le niveau (-1) traduit la valeur la plus faible que peut prendre la valeur du facteur étudié et le niveau (+1) traduit la valeur la plus élevée du facteur. Ces plans permettent de calculer l'effet moyen, les effets principaux des facteurs, leurs interactions 2 à 2, 3 à 3, etc., jusqu'à l'interaction générale entre k facteurs.

Pour traduire la variation des réponses expérimentales étudiées dans un plan factoriel 2^k (pour trois variables), nous utilisons le modèle mathématique suivant :

$$Y = b_0 + b_1 X_1 + b_2 X_2 + b_3 X_3 + b_1 b_2 X_1 X_2 + b_1 b_3 X_1 X_3 + b_2 b_3 X_2 X_3 \quad \text{(III-21)}$$

Avec :

- Y :   Réponse expérimentale,
- X_i :   Variables codées (-1 ou +1),
- b_i :   Estimation de l'effet principal du facteur i pour la réponse Y,
- b_{ij} :   Estimation de l'effet d'interaction entre le facteur i et le facteur j pour la réponse Y.

La réponse étudiée dans notre étude est la quantité de polyéthylèneimine adsorbée ($Q(PEI)_{adsorbée}$) sur la surface de la résine Dowex 1X8.

Les coefficients du modèle mathématique sont calculés dans le domaine expérimental représenté dans le tableau III.11:

Tableau III.11 : Facteurs étudiés et domaines expérimentaux choisis.

Variables codées (X_i)	Facteurs	Unité	Niveaux	
			-1	+1
X_1	[PEI]	$g.L^{-1}$	0,5	1,5
X_2	M_w(PEI)	$g.mol^{-1}$	1300	10^6
X_3	pH	-	8,8	10,8

La matrice d'expérience est présentée dans le tableau III.12.

Tableau III.12 : Matrice d'expérience.

N° d'expérience	[PEI] ($g.L^{-1}$)	M_W(PEI) ($g.mol^{-1}$)	pH
1	-1	-1	-1
2	+1	-1	-1
3	-1	+1	-1
4	+1	+1	-1
5	-1	-1	+1
6	+1	-1	+1
7	-1	+1	+1
8	+1	+1	+1

Les 8 expériences, qui doivent être réalisées sont regroupées dans le tableau III.13. Cette série d'expériences est appelée plan d'expérimentation puisqu'il s'agit d'une série d'expériences planifiée en amont.

Tableau III.13 : Plan d'expérimentation et réponses expérimentales.

N° d'expérience	Facteurs			Réponse
	[PEI] (g.L^{-1})	M_W (PEI) (g.mol^{-1})	pH	Q(PEI)$_{adsorbée}$ (mg.g^{-1})
1	0,5	1300	8,8	4,750
2	1,5	1300	8,8	20,000
3	0,5	10^6	8,8	4,050
4	1,5	10^6	8,8	16,660
5	0,5	1300	10,8	1,000
6	1,5	1300	10,8	7,400
7	0,5	10^6	10,8	1,200
8	1,5	10^6	10,8	6,660

Il est à signaler que le traitement des données a été exécuté en utilisant le logiciel Nemrod-W.

Le tableau III.14 représente la procédure pour la détermination des facteurs influents sur le rendement :

Tableau III.14 : Signification et statistique des coefficients.

Nom du coefficient	Valeurs
b_1	4,96
b_2	- 0,57
b_3	-3,65
b_{12}	-0,45
b_{13}	-2,00
b_{23}	0,44

A partir du tableau précédent on peut déduire les interactions possibles entre les facteurs. Ceci peut être démontré par une représentation graphique qui consiste à symboliser tous les effets étudiés sur un diagramme en bâton, comme le présente la figure III.8, et à déterminer les interactions significatives en se basant sur un test de Student pour un risque d'erreur α égale à 5 %. La longueur des barres est proportionnelle à l'amplitude de l'estimateur de l'effet. Chaque effet d'interaction qui dépasse la valeur critique de Student, représentée par une ligne verticale discontinue est considéré comme statistiquement significatif.

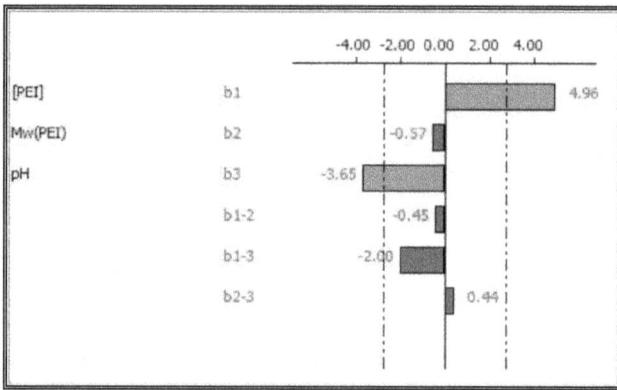

Figure III.8 : Etude graphique des effets basée sur le test de Student pour un risque d'erreur de 5 %.

L'analyse graphique de cette figure montre que :

- La concentration initiale du polyéthylèneimine est très influente sur la modification de la résine Dowex 1X8, son effet est positif. Une augmentation de la concentration se traduit par une augmentation de la quantité adsorbée du polyéthylèneimine.

- Le pH du milieu est le deuxième facteur important sur la modification de la résine étudiée. Son effet est négatif. Ainsi, l'augmentation du pH fait diminuer la quantité adsorbée du polyéthylèneimine.

- Le poids moléculaire du PEI présente un effet négligeable sur la modification.

- Il existe aussi une interaction X_1X_3 entre la concentration du PEI et le pH de la solution. Ainsi, l'effet du pH (X_3) dépend de la concentration choisie du PEI (X_1) dans le domaine expérimental et vice versa.

Nous constatons que la concentration du PEI et le pH de la solution sont les facteurs les plus influents sur la modification de la résine dans le domaine expérimental choisi.

Pour mieux interpréter ces résultats, nous avons eu recours à l'analyse de Pareto [24] qui permet de calculer le pourcentage d'effet de chaque facteur sur la réponse étudiée, selon la relation suivante :

$$P_i = \frac{b_i^2}{\sum b_i^2} \times 100 \quad (i \neq 0) \quad \text{(III-22)}$$

Les résultats obtenus sont présentés par la figure III.9.

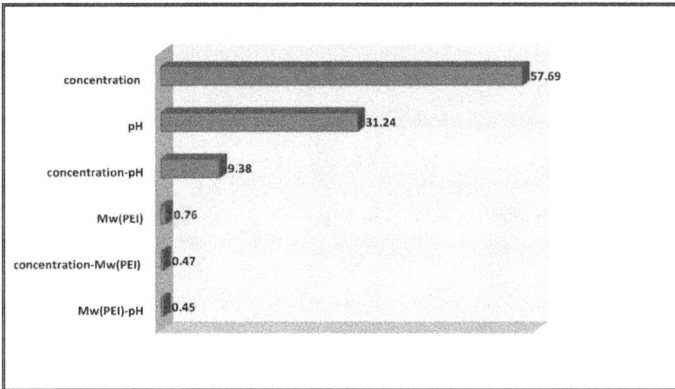

Figure III.9 : Analyse graphique de Pareto

L'analyse graphique de cette figure montre que la concentration du polyéthylèneimine et le pH de la solution sont les facteurs les plus déterminants sur l'adsorption du PEI sur la surface de la résine Dowex 1X8, leur effet est de 88,93 % sur la réponse étudiée. En outre, l'interaction entre ces deux facteurs est la plus importante. Ainsi, ces deux facteurs ainsi que leur interaction apportent environ 98.31 % sur la réponse. Cependant, la masse moléculaire du PEI et les autres interactions ont un effet négligeable, ils ne représentent que les 1.7 % de la réponse étudiée.

A la lumière de ces résultats et ces constatations, nous avons conclu qu'il vaut mieux travailler à la concentration du PEI la plus élevée ($1,5$ g.L^{-1}) et le pH le plus faible (pH = 8,8) dans le domaine expérimental choisi afin d'augmenter la quantité adsorbée du PEI sur la surface de la résine Dowex 1X8. Ces résultats sont conformes à d'autres travaux [6] s'intéressant à la modification des résines échangeuses d'anions par adsorption du polyéthylèneimine où ils ont montré que la modification est d'autant plus efficace que la concentration est élevée et le pH est faible.

III.2.3 Caractérisation de la résine Dowex modifiée

La caractérisation de la résine Dowex 1X8 modifiée consiste à déterminer le taux de gonflement et la capacité d'échange. Les résultats trouvés seront comparés par la suite avec ceux trouvés pour la résine non modifiée. Le mode opératoire a été décrit aux paragraphes III.1.2.2 et III.1.2.3. Le tableau III.15 présente le taux de gonflement et la capacité d'échange de la résine Dowex 1X8 modifiée et non modifiée sous forme Cl$^-$:

Tableau III.15 : Taux de gonflement et capacité d'échange de résine Dowex 1X8.

Type de résine	Taux de gonflement (%)	Capacité d'échange (méq.g^{-1})
Résine non modifiée	38,2	2,84
Résine modifiée	37,4	2,27

D'après les résultats du tableau III.15, il est clair que la formation d'une couche de PEI à la surface de la résine n'a pas influencé significativement le taux de gonflement et la capacité d'échange de la résine considérée.

Une diminution maximale de la capacité d'échange de l'ordre de 20% par rapport à la résine anionique non modifiée a été observée pour la résine modifiée avec le PEI. Ce qui indique la présence d'interactions électrostatiques entre le PEI et les groupes fonctionnels de la résine et qu'une très faible quantité de PEI a été adsorbé sur la surface de la résine. Des études précédentes réalisées par Sata et al [25] et Guesmi et al [5] sur la modification de la surface des membranes échangeuses d'ions ont montré que l'utilisation de polyélectrolytes tels que le PEI comme agent de modification, cause une diminution de 12% de la capacité d'échange de la membrane modifiée par rapport à la membrane non modifiée.

Donc la valeur de la capacité d'échange de notre résine modifiée prouve que les conditions de modification sélectionnées dans ce travail permettent de former une couche anionique fine de polyéthylèneimine à la surface de la résine sans altérer significativement sa capacité d'échange.

III.2.4 Etude des équilibres d'échange d'ions entre la résine modifiée et les solutions d'électrolytes

Le but de cette étude est de prévoir l'effet de la modification sur la sélectivité de la résine. Pour cela, nous avons établi tout d'abord les isothermes d'échange d'ions binaire entre la résine modifiée et des solutions d'électrolytes contenant les systèmes (Cl^-/NO_3^-), (Cl^-/SO_4^{2-}) et (NO_3^-/SO_4^{2-}), à température fixe de 25°C en maintenant la force ionique de la solution constante et égale à 0,3 mol.L^{-1}. Les résultats obtenus sont ensuite comparés avec ceux obtenus pour la résine non modifiée.

III.2.4.1 Isotherme d'échange d'ions Cl^-/NO_3^-

Toutes les expériences ont été effectuées sur des échantillons de résine sous la forme ionique chlorure. A l'équilibre, les concentrations des différents ions présents en solution sont dosées par chromatographie ionique, et les concentrations des différentes espèces présentes dans la résine sont déterminées à partir des relations de bilans de charge et de bilans de matière. Les résultats obtenus sont présentés dans le tableau III.16.

Tableau III.16 : Compositions à l'équilibre d'échange d'ions résine modifiée Dowex /système (Cl^-/NO_3^-), I=0,3 mol.L^{-1}, $\theta = 25°C$.

	Echantillons				
	1	2	3	4	5
$[Cl^-]_0$ (méq. L^{-1})	0	46	96	159	217
$[NO_3^-]_0$ (méq. L^{-1})	317	249	208	155	112
$[Cl^-]_s$ (méq. L^{-1})	107	151	198	237	274
$[NO_3^-]_s$ (méq. L^{-1})	213	171	133	83	45
$[Cl^-]_r$ (méq.g^{-1})	0,165	0,215	0,280	0,9025	1,405
$[NO_3^-]_r$ (méq.g^{-1})	2,613	1,940	1,872	1,801	1,672
$X_s(Cl^-)$	0,14	0,22	0,36	0,52	0,70
$X_r(Cl^-)$	0,23	0,63	0,79	0,89	0,90
$X_s(NO_3^-)$	0,67	0,58	0,44	0,26	0,14
$X_r(NO_3^-)$	0,940	0,900	0,870	0,666	0,543

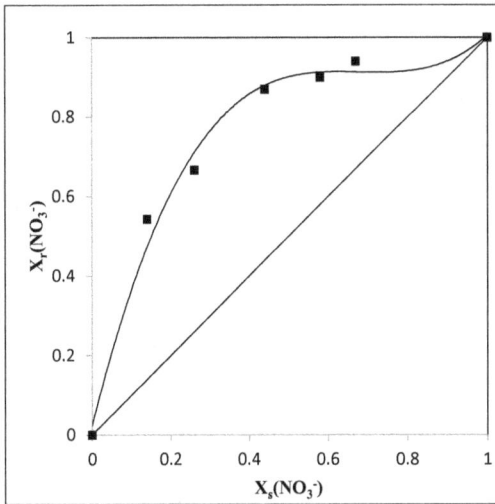

Figure III.10 : Isotherme d'échange d'ions, résine modifiée/système

(Cl^-/NO_3^-), $I = 0,3$ mol.L^{-1}, $\theta = 25°C$.

L'analyse de cette isotherme montre que tous les points sont situés au-dessus de la diagonale indiquant que la résine modifiée par le PEI a plus d'affinité pour les ions nitrate que pour les ions chlorure.

III.2.4.2 Isotherme d'échange d'ions Cl^-/SO_4^{2-}

Toutes les expériences ont été effectuées sur des échantillons de résine sous la forme ionique chlorure. A l'équilibre, les concentrations des différents ions présents en solution sont dosées par chromatographie ionique, et les concentrations des différentes espèces présentes dans la résine sont déterminées à partir des relations de bilans de charge et de bilans de matière. Les résultats obtenus sont présentés dans le tableau III.17.

Tableau III.17 : Composition à l'équilibre d'échange d'ions, résine modifiée Dowex/système (Cl^-/SO_4^{2-}), $I = 0,3$ mol. L^{-1}, $\theta = 25°C$.

	Echantillons				
	1	2	3	4	5
$[Cl^-]_0$ (méq.L^{-1})	0	40,98	102,75	157,61	279,4
$[SO_4^{2-}]_0$ (méq.L^{-1})	208,98	151,73	148,85	110,83	40,75
$[Cl^-]_s$ (méq.L^{-1})	52,97	90,01	128,54	169,09	271,48
$[SO_4^{2-}]_s$ (méq.L^{-1})	147,25	126,98	109,65	83,77	33,5
$[Cl^-]_r$ (méq.g^{-1})	0,946	1,044	1,625	1,983	2,469
$[SO_4^{2-}]_r$ (méq.g^{-1})	1,543	1,000	0,980	0,676	0,181
$X_s(Cl^-)$	0,351	0,470	0,610	0,664	0,796
$X_r(Cl^-)$	0,354	0,518	0,628	0,671	0,788
$X_s(SO_4^{2-})$	0,705	0,66	0,44	0,31	0,10
$X_r(SO_4^{2-})$	0,62	0,49	0,38	0,25	0,07

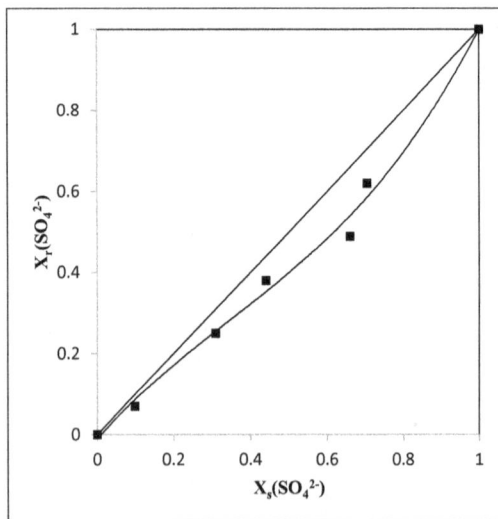

Figure III.11 : Isotherme d'échange d'ions, résine modifiée/système (Cl^-/SO_4^{2-}), $I = 0,3 \ mol. L^{-1}$, $\theta = 25°C$.

L'isotherme d'échange d'ions obtenue montre que tous les points sont situés au-dessous de la diagonale donc nous pouvons conclure que la résine modifiée a plus d'affinité pour les chlorures que pour les sulfates.

III.2.4.3 Isotherme d'échange d'ions NO_3^-/SO_4^{2-}

Toutes les expériences ont été effectuées sur des échantillons de résine sous la forme ionique NO_3^-. A l'équilibre, les concentrations des différents ions présents en solution sont dosées par chromatographie ionique, et les concentrations des différentes espèces présentes dans la résine sont déterminées à partir des relations de bilans de charge et de bilan de matière. Les résultats obtenus sont présentés dans le tableau III.18.

Tableau III.18 : Compositions à l'équilibre d'échange d'ions, résine Dowex/système(NO_3^-/SO_4^{2-}), I = 0,3 mol.L^{-1}, 25°C.

	Echantillons					
	1	2	3	4	5	6
$[NO_3^-]_0$(méq.L^{-1})	0	43,12	98	148,84	195,58	256,29
$[SO_4^{2-}]_0$ (méq.L^{-1})	203,58	162,31	134,04	95,65	68,37	32,71
$[NO_3^-]_s$(méq.L^{-1})	37,76	72,03	113,85	160,47	212,90	264,03
$[SO_4^{2-}]_s$ (méq.L^{-1})	157,94	151,14	129,06	93,46	67,60	30,89
$[NO_3^-]_r$ (méq.g^{-1})	1,33	1,55	1,87	1,93	1,84	2,08
$[SO_4^{2-}]_r$ (méq.g^{-1})	1,14	0,28	0,12	0,05	0,02	0,04
$X_s(NO_3^-)$	0,185	0,351	0,490	0,662	0,806	0,914
$X_r(NO_3^-)$	0,537	0,847	0,938	0,972	0,990	0,979
$X_s(SO_4^{2-})$	0,814	0,649	0,509	0,338	0,193	0,086
$X_r(SO_4^{2-})$	0,462	0,153	0,062	0,027	0,010	0,021

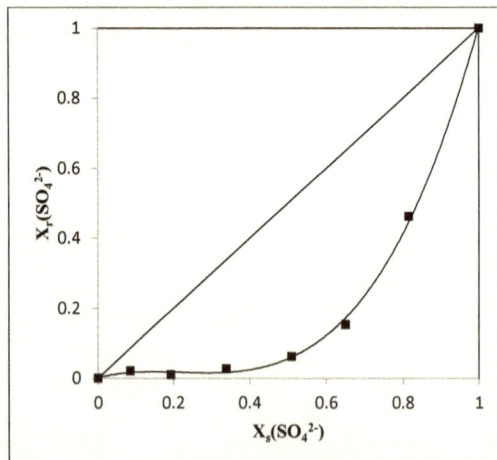

Figure III.12 : Isotherme d'échange d'ions, résine modifiée/système (NO_3^-/SO_4^{2-}), I = 0,3 mol.L^{-1}, θ = 25°C.

L'isotherme d'échange d'ions obtenue montre que tous les points sont situés au-dessous de la diagonale donc nous pouvons conclure que la résine modifiée a plus d'affinité pour les nitrates que pour les sulfates.

L'examen des différentes isothermes établies précédemment montre qu'à 25°C et pour une force ionique égale à 0,3 mol.L^{-1}, l'ordre d'affinité est : $NO_3^- > Cl^- > SO_4^{2-}$.

On remarque donc que l'ordre d'affinité de la résine modifiée par le PEI vis-à-vis des ions chlorure, nitrate et sulfate est le même que celui de la résine non modifiée.

III.2.4.4 Ordre d'affinité et effet de la modification sur la sélectivité

Afin de prévoir l'influence de l'adsorption d'une couche de polyéthylèneimine à la surface de la résine sur l'affinité de cette dernière vis-à-vis des ions chlorure, nitrate et sulfate, nous avons superposé pour chaque système les différentes isothermes obtenues avec la résine modifiée et celle non modifiée. L'ensemble de ces isothermes sont présentées par les figures III.13, III.14 et III.15.

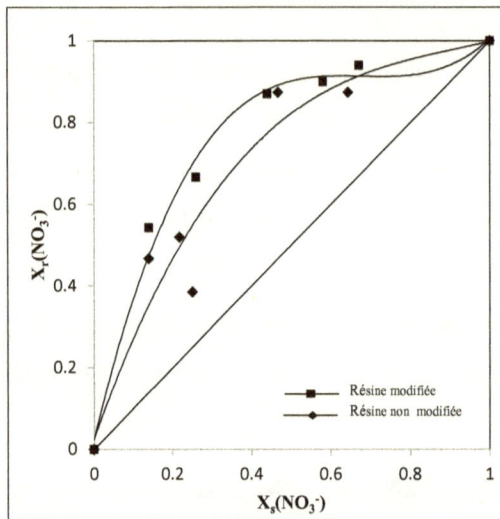

Figure III.13 : Isothermes d'échange d'ions, résine/système (Cl^-/NO_3^-),

$I = 0,3 \text{mol.L}^{-1}$, $\theta = 25°C$

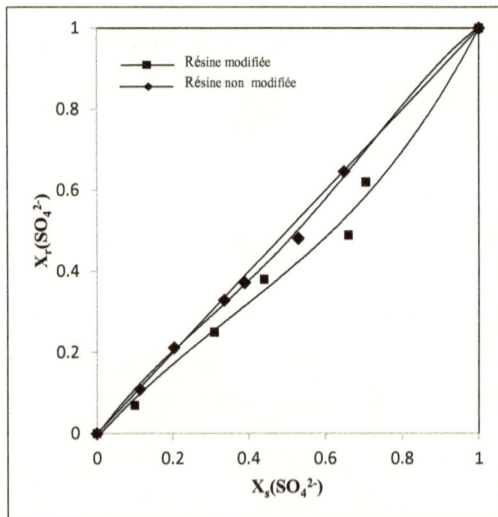

Figure III.14 : Isothermes d'échange d'ions, résine/système(Cl^-/SO_4^{2-}),

$I = 0,3 \text{ mol.L}^{-1}$, $\theta = 25°C$

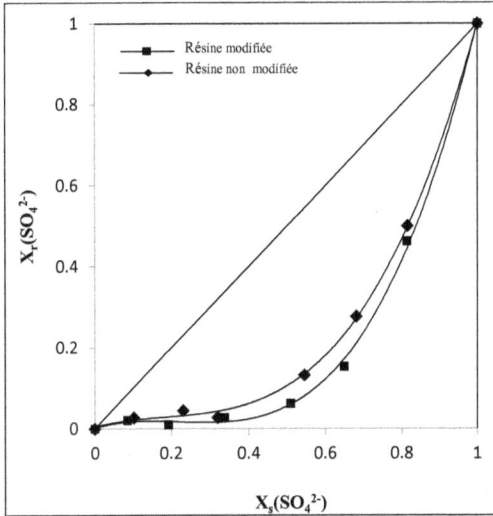

Figure III.15 : Isothermes d'échange d'ions, résine /système (NO_3^-/SO_4^{2-}),
$I = 0,3$ mol.L^{-1}, 25°C.

L'examen de ces différentes isothermes montre que les deux résines non modifiées et modifiées étudiées ont plus d'affinité pour les nitrates que les chlorures que les sulfates et ceci pour une force ionique constante égale à 0,3 mol.L^{-1} et une température de 25°C.

Pour le système $\left(Cl^-/NO_3^-\right)$, on constate que l'isotherme s'éloigne de la diagonale et elle est située au dessus de celle de la résine non modifiée, d'où la résine modifiée devient plus sélective pour les nitrates, par suite le pourcentage de l'élimination des ions nitrates devient plus important.

Nous remarquons aussi que, pour les deux systèmes étudiés, $\left(Cl^-/SO_4^{2-}\right)$ et $\left(NO_3^-/SO_4^{2-}\right)$, l'isotherme s'éloigne de la diagonale pour la résine modifiée, ce qui montre que la modification de la résine traduit une diminution de la sélectivité de la résine vis-à-vis des ions sulfate par rapport aux ions chlorure et nitrate. Donc la résine modifiée devient plus sélective aux ions monovalents par rapport aux ions bivalents. Ce résultat est en accord avec les travaux de Guesmi et al [5] et Berbar et Amara [6]. Et ceci peut être expliqué par le fait que la couche de PEI est partiellement fixée à la surface de la résine par des liens ioniques entre quelques sites chargés négativement du PEI et les groupements positifs fixes de la résine. Les sites anioniques de la couche de PEI qui n'ont pas participé à la liaison ionique restent libres et établissent une barrière de charges négatives qui rejettent les anions bivalents. En effet, l'affinité de la résine modifiée vis-à-vis des sulfates diminue par rapport à celle des chlorures et nitrates. Aussi on peut attribuer ce résultat au caractère hydrophobe de résine qui est liée à la couche du PEI adsorbée sur la surface de la résine et par suite la résine devient plus sélective pour les anions les moins hydrophiles comme il est indiqué dans le tableau III.19.

Tableau III.19 : Energie d'hydratation de Gibbs [26].

Ions	ΔG_h (kJ.mol^{-1})
Cl^-	- 270
NO_3^-	-275
SO_4^{2-}	-1145

III.2.5 Détermination des coefficients de sélectivité et des coefficients d'activité d'échange d'ions

Les coefficients de sélectivité ainsi que coefficients d'activités d'ions sont calculés et les différents résultats obtenus sont présentés dans le tableau III.20.

Tableau III.20 : Valeurs des coefficients d'activités dans la solution et dans la résine et les coefficients de sélectivité des différents systèmes.

	Système A/B	K_A^B	$\gamma_r(A)$	$\gamma_r(B)$	$\gamma_s(A)$	$\gamma_s(B)$	$K_A^{\circ B}$
DOWEX 1X8 modifiée	(Cl^-/NO_3^-)	7,77	0,78	0,99	0,55	0,55	9,74
	(Cl^-/SO_4^{2-})	0,03	0,92	0,68	0,67	0,26	0,04
	(NO_3^-/SO_4^{2-})	0,003	0,92	0,39	0,67	0,26	0,003
DOWEX 1X8 non modifiée	(Cl^-/NO_3^-)	5,77	0,81	0,86	0,56	0,56	6,67
	(Cl^-/SO_4^{2-})	0,07	0,85	0,79	0,66	0,25	0,14
	(NO_3^-/SO_4^{2-})	0,009	0,93	0,39	0,67	0,25	0,007

La modification de la résine Dowex 1X8 traduit une diminution des constantes de sélectivité des systèmes $\left(Cl^-/SO_4^{2-}\right)$ et $\left(NO_3^-/SO_4^{2-}\right)$ et une augmentation pour le système $\left(Cl^-/NO_3^-\right)$. Les valeurs trouvées montrent que la sélectivité de la résine pour les ions chlorure et nitrate a été augmentée après modification. Ce qui prouve que la modification améliore la sélectivité de cette dernière vis-à-vis des ions monovalents par rapport aux ions bivalents comme il a été indiqué dans d'autres travaux [5, 6].

Les résultats de la détermination de la constante thermodynamique d'échange d'ions $K_A^{\circ B}$ obtenus avec la résine modifiée, montrent aussi une différence entre les valeurs de $K_A^{\circ B}$ et K_A^B et que l'influence de la variation de la concentration sur l'équilibre d'échange d'ions est importante surtout pour les ions bivalents.

Références bibliographiques

[1] S. Khirani, Thèse de Doctorat, Institut Ntional des Sciences Appliquées de Toulouse, France, **2007**.

[2] L. Paugam, C. K. Diawara, J. P. Schlumpf, P. Jaouen, F. Quéméneur, Sep. Purif. Technol., 40, 237, **2004**.

[3] Ch. Hannachi, S. Bouguecha, B. Hamrouni, M. Dhahbi, Desalination, 221, 448, **2008**.

[4] P. R. Smith, T. E Woodburn, A.I.Ch.E. Journal, 24, 577, **1978**.

[5] F. Guesmi, Ch. Hannachi, B. Hamrouni, Ionics, Vol 18, 711-717, **2012**.

[6] Y. Berbar, M. Amara, H. Kerdjoudj, Desalination, 223-238, **2008**.

[7] T. Sata, T. Yoshida, K. Matsusaki, J. Membr. Sci., , 120, 101, **1996**.

[8] T. Sata, J. Membr. Sci., 167, 1, **2000**.

[9] T. Sata, J. Membr. Sci., 206, 31, **2002**.

[10] M. Amara, H. Kerdjouj, Hydrometallurgy, 65, 59, **2002**.

[11] M. Amara, H. Kerdjouj, Talanta, 60, 991, **2003**.

[12] M. Amara, H. Kerdjoudj, J. Soc. Alger Chem., 95, 277, **1999**.

[13] T. Sata, J. Membr. Sci., 206, 31, **2002**.

[14] T. Sata, Electrochim. Acta, 18, 199, **1973**.

[15] N. Ohmura, Y. Kagiyama, Y. Mizutani, J. Appl. Polym. Sci., 34, 1173, **1987**.

[16] T. Sata, R. Izuo, K. Takata, J. Membr. Sci., 45, 197, **1989**.

[17] T. Sata, Y. Mizutani, J. Polym. Sci, polym. Chem., 17, 1199, **1979**.

[18] M. Amara, H. Kerdjoudj, Sep. Purf. Technol., 29, 79, **2002**.

[19] P. Sistat, G. Pourcelly, C. Gavach, J. Appl. Electrochem., 27, 65, **1997**.

[20] C. Vallois, P. Sistat, S. Rouldés, G. Pourcelly, J. Membr. Sci., 216, 13, **2003**.

[21] K. Shimasaki, H. Ihara, Y. Mizutani, J. Appl. Polym Sci., 34, 1093. **1987**.

[22] J. Goupy, Technique de l'ingénieur, Analyse et caractérisation, volume 4, PE 230, 1.

[23] J. Goupy, La méthode des plans d'expérience, DUNOD, Paris, **1996**, 9.

[24] D. P. Haaland, Experimental design in biotechnology, Marcel Dkker, Inc, New York, Basel, **1989**.

[25] T. Sata, R. Izuo, Angew. Makromol. Chem., **1989**, 171, 101.

[26] R. J. Clarke, Ch. Lüpfert, Biophys. J., **1999**, 76, 2614.

Conclusion générale

Conclusion générale

$\mathcal{N}$otre premier chapitre a été réalisé en vue d'étudier l'adsorption des principaux anions rencontrés dans la plupart des eaux naturelles $(F^-, SO_4^{2-} et NO_3^-)$ sur les membranes échangeuse d'anions AFN et AMX. Dans un premier lieu, le taux de gonflement et la capacité d'échange des deux membranes étudiées ont été déterminés.

Les isothermes d'adsorption relatives aux ions F^-, $SO_4^{2-} et NO_3^-$ ont été établies aux températures 10, 25 et 40°C. Les résultats expérimentaux obtenus ont été corrélés par les équations de Freundlich, Langmuir, Dubinin–Redushkevich et Temkin montrant que l'adsorption de ces ions sur les membranes AFN et AMX est une adsorption monocouche selon Langmuir.

Pour la membrane AFN, les résultats obtenus montrent que la valeur de la variation d'enthalpie standard ΔH° est positive pour les deux systèmes (Cl⁻/NO$_3^-$) et (Cl⁻/SO$_4^{2-}$) ceci implique que l'adsorption des ions NO$_3^-$ et SO$_4^{2-}$ sur la membrane AFN est un phénomène endothermique. Pour le système (Cl^-/F^-), la valeur de ΔH° est négative, ceci implique que le processus d'adsorption des ions F^- sur la membrane AFN est un phénomène exothermique.

La valeur de la variation de l'entropie standard ΔS° rend compte du désordre d'un système physico-chimique. En effet, les résultats trouvés montrent que pour les deux systèmes (Cl⁻/NO$_3^-$) et (Cl⁻/SO$_4^{2-}$) la valeur de l'entropie standard ΔS° est positive. Pour le système (Cl⁻/F⁻), la valeur de l'entropie standard est négative.

Les valeurs de la variation de l'enthalpie libre standard ΔG° sont avérés négatives pour les trois systèmes étudiés. Ces valeurs de ΔG^0 nous permettent de donner l'ordre d'affinité de la membrane AFN vis à vis des ions étudiés à différentes températures. En effet l'ion qui possède le ΔG^0 le plus petit aura plus d'affinité pour la membrane AFN. Donc à 283K, l'ordre d'affinité est comme suit : $NO_3^- < F^- < SO_4^{2-}$. On observe une inversion d'affinité pour les ions F^- et SO_4^{2-} à 298K et 313K.

Pour la membrane AMX et dans le domaine de température étudié, les résultats obtenus montrent que les valeurs de l'énergie libre standard sont négatives, donc le processus d'adsorption des ions NO_3^-, F^- et SO_4^{2-} est spontané dans les conditions standards. La valeur négative de la variation d'enthalpie standard a montré que le procédé d'adsorption des nitrates est exothermique.

Dans le domaine de température étudié (283-313K), l'énergie libre standard diminue lorsque la température augmente, et ceci pour l'adsorption des ions fluorure et sulfate, ce qui indique que le phénomène d'adsorption est spontanée et favorisé pour des températures élevées.

Les valeurs positives de l'enthalpie standard montrent que l'adsorption est endothermique pour l'adsorption des ions fluorure et sulfate. L'ordre d'affinité des ions étudiés vis-à-vis de la membrane AMX est : $SO_4^{2-} > NO_3^- > F^-$ pour les deux températures 283 et 298 K. A 313K l'ordre est : $F^- > SO_4^{2-} > NO_3^-$.

Dans le deuxième chapitre proposé, les isothermes d'échanges binaires relatifs aux couples NO_3^-/SO_4^{2-}, Cl^-/SO_4^{2-} et Cl^-/NO_3^- établis pour la membrane anionique AMX ont permis de déterminer l'ordre d'affinité de la membranes vis-à-vis de ces ions. L'ordre d'affinité dépend de la concentration totale dans la solution. En effet, pour une concentration 0,05 mol.L^{-1} l'ordre d'affinité est : $SO_4^{2-} > NO_3^- > Cl^-$. Cet ordre d'affinité se trouve inversé pour le couple NO_3^-/SO_4^{2-} à la concentration 0,1 mol.L^{-1}.

Les coefficients de sélectivité $K_{Cl^-}^{NO_3^-}$, $K_{2Cl^-}^{SO_4^{2-}}$ et $K_{2NO_3^-}^{SO_4^{2-}}$ ont été déterminés à une température constante égale à 25 °C.

Le diagramme ternaire du système $Cl^- / NO_3^- / SO_4^{2-}$ établis pour la membrane AMX, est constitué de 24 points expérimentaux ternaires et 16 points expérimentaux binaires.

Sur la base d'une concentration totale constante égale à 0,1 mol.L^{-1} et des rapports des fractions ioniques regroupées en quatre isolignes nous avons pu dégager les points prédits constituant le diagramme. Les résultats obtenus montrent une bonne concordance entre les valeurs expérimentales et celles prédites. Ces résultats ont été confirmés par la superposition des isothermes binaires normalisés avec ceux établis expérimentalement.

Dans le troisième chapitre, nous nous sommes intéressés à l'étude de quelques propriétés physico-chimiques de la résine échangeuse d'anions Dowex1X8. Les données, fournies par le fabriquant, ont été complétées par les déterminations expérimentales du temps d'équilibre, du taux de gonflement et de la capacité d'échange. Pour l'étude des équilibres d'échanges ioniques résine-solutions d'électrolytes, le choix a porté sur les principaux anions rencontrés dans la plupart des eaux naturelles (Cl^-, NO_3^- et SO_4^{2-}).

L'effet de la modification de la résine sur les équilibres d'échange d'ions entre cette dernière et des solutions d'électrolyte a été étudié. Les isothermes d'échange d'ions ont été établies à une force ionique constante de 0,3 mol.L^{-1} et à une température constante égale à 25 °C.

L'établissement des isothermes d'échange d'ions binaires relatives aux trois systèmes $\left(Cl^-/NO_3^- \right)$, $\left(Cl^-/SO_4^{2-} \right)$ et $\left(NO_3^-/SO_4^{2-} \right)$ nous a permis de déterminer l'ordre d'affinité de la résine Dowex 1X8 vis-à-vis de ces ions. En effet, l'ordre d'affinité trouvé pour la résine non modifiée est le suivant : $NO_3^- > Cl^- > SO_4^{2-}$.

Les résultats obtenus montrent qu'à une force ionique égale à 0.3 mol.L^{-1} la résine a plus d'affinité pour les ions monovalents que bivalents.

Les coefficients de sélectivité $K^{NO_3^-}_{Cl^-}$, $K^{SO_4^{2-}}_{2Cl^-}$ et $K^{SO_4^{2-}}_{2NO_3^-}$ ainsi que les constantes thermodynamiques d'échanges d'ions $K_i^{\circ j}$ relatifs aux systèmes binaires étudiés ont été déterminés.

La modification de la résine Dowex 1X8 a été réalisée par simple immersion dans une solution de polyéthylèneimine (PEI). Une étude de l'optimisation des conditions de modification de la résine a été réalisée moyennant la méthodologie des plans d'expériences. Les résultats trouvés montrent que cette modification est influencée principalement par deux facteurs à savoir : la concentration initiale du polyéthylèneimine et le pH de la solution. Les conditions optimales choisies pour la modification de la résine Dowex 1X8 sont : [PEI] = 1,5 g.L^{-1} et pH = 8,8.

Une caractérisation de la résine modifiée a été réalisée, Une légère diminution de la capacité d'échange est observée tandis que le taux de gonflement il ne change pas significativement.

L'effet de la modification de la résine Dowex 1X8 sur les équilibres d'échange d'ions pour les systèmes binaires $\left(Cl^-/NO_3^-\right)$, $\left(Cl^-/SO_4^{2-}\right)$ et $\left(NO_3^-/SO_4^{2-}\right)$, à une température de 25°C, a été étudiée. L'établissement des isothermes d'échange d'ions relatifs à ces trois systèmes binaires nous a permis de déterminer l'ordre d'affinité de la résine DOWEX 1X8 modifiée vis-à-vis de ces ions. Par comparaison avec les résultats trouvés dans le cas de la résine non modifiée et les mêmes solutions d'électrolyte, l'ordre d'affinité de la résine modifiée et non modifiée est le suivant : $NO_3^- > Cl^- > SO_4^{2-}$. Les coefficients de sélectivité $K^{NO_3^-}_{Cl^-}$, $K^{SO_4^{2-}}_{2Cl^-}$ et $K^{SO_4^{2-}}_{2NO_3^-}$ ont été déterminés à une température constante égale à 25°C. La modification de la résine Dowex 1X8 traduit une diminution des coefficients de sélectivité des systèmes (Cl^-/SO_4^{2-}) et (NO_3^-/SO_4^{2-}). Les valeurs trouvées montrent que la sélectivité de la résine Dowex 1X8 pour les ions chlorure et nitrate par rapport aux sulfates a été augmentée après modification. Ceci prouve que la modification améliore la sélectivité de la résine vis-à-vis les ions monovalents par rapport aux bivalents.

Les résultats de ces études permettront de mieux appréhender l'application des procédés de séparation utilisant les résines et membranes échangeuses d'ions dans divers domaines, en particulier le traitement des eaux saumâtres et des effluents liquides par électrodialyse et électrodésionisation.

www.ingramcontent.com/pod-product-compliance
Lightning Source LLC
Chambersburg PA
CBHW021102210326
41598CB00016B/1294